绿色空中交通评估优化理论与实践

刘芳子　著

清 华 大 学 出 版 社
北京交通大学出版社
·北京·

内 容 简 介

本书阐述了如何通过空中交通管理优化实现民航绿色发展的理念和方法。按照明确理念—构建指标—指标测算—实证评估—建模优化的研究引线，针对绿色空中交通发展的关键问题，综合考虑环境影响、运行效率、经济效益等核心因素，基于航空器运行的四维航迹，研究构建了一套"绿色-经济"综合效能最优的空中交通运行管理理论与方法体系，对民航绿色规划制定、环境效能评估、低碳运行管理、飞行轨迹优化，以及新航行技术与低碳技术融合应用等具有重要参考价值。

图书在版编目（CIP）数据

绿色空中交通评估优化理论与实践/刘芳子著.—北京：北京交通大学出版社：清华大学出版社，2024.4

ISBN 978-7-5121-5208-3

Ⅰ. ① 绿… Ⅱ. ① 刘… Ⅲ. ① 污染防治-空中交通管制-研究　Ⅳ. ① V355.1 ② X5

中国国家版本馆 CIP 数据核字（2024）第 082504 号

绿色空中交通评估优化理论与实践
LÜSE KONGZHONG JIAOTONG PINGGU YOUHUA LILUN YU SHIJIAN

责任编辑：谭文芳
出版发行：清华大学出版社　邮编：100084　电话：010-62776969　http://www.tup.com.cn
　　　　　北京交通大学出版社　邮编：100044　电话：010-51686414　http://www.bjtup.com.cn
印 刷 者：北京虎彩文化传播有限公司
经　　销：全国新华书店
开　　本：170 mm×235 mm　印张：9.75　字数：191千字
版 印 次：2024年4月第1版　2024年4月第1次印刷
定　　价：59.00元

本书如有质量问题，请向北京交通大学出版社质监组反映。

投诉电话：010-51686043，51686008；E-mail：press@bjtup.edu.cn。

前　　言

　　和平、绿色、发展是当代世界三大主题和全球人类共同的目标，绿色发展也是中国式现代化的显著特征。航空业作为国家重要的基础性、战略性产业，是当今世界最活跃、最有潜力的产业之一，对促进经济社会发展、提升人民生活水平具有正外部性。但因其对生态环境影响大、污染范围广、责任划分难、减碳紧迫性强等负外部性特征，绿色航空发展成为全球社会各界广泛关注的问题，并已成为首个达成全球减排框架的行业。当前，全球航空业低碳转型发展的实践举措主要是改进航空器与发动机设计、应用新航行技术、改善空中交通管理（简称空管）效率和航司运营效能、研发可持续替代燃料、探索碳市场机制等，其中优化航空器空中交通运行轨迹、提升地面滑行和空中运行整体效率可减少 6%~12% 的燃料消耗，被广泛认为是中短期提升燃油效率、实现全球航空业低碳转型发展的重要举措。

　　全球新冠疫情前，中国已成为全球碳排量最大的国家，占全球碳排放的比例超过 20%，其中航空运输的碳排放占全球运输业总碳排放量的 13%，且处于快速上升阶段，长期保持在全球第二大航空运输碳排放主体位置，因此，各方对中国民航加大减排力度的期望高、诉求多、压力大。但中国民航在航空制造业、新航行技术与低碳技术、国际标准话语权、绿色发展基础理论研究等多领域仍落后于发达国家，在全球碳交易规则制定和利益博弈中也处于相对劣势地位。面对我国航空业当前中高速发展和未来绿色转型发展需求，只有建立了适合我国民航绿色发展的基础理论、技术方法、法规标准、管理机制等体系，才能支撑我国航空业实现碳中和的本质性跨越。

　　如何在兼顾经济发展与生态保护的基础上，探索空中交通运行新模式是我国民航绿色发展的重点，也是难点。中国民用航空局于 2023 年 3 月成立了碳达峰碳中和工作领导小组，设立了可持续航空燃料、航空碳市场、运行效率和国际应对四个专项工作组，其中运行效率组的工作重点就是推进空中交通运行效率提升和航行技术革新应用以实现绿色低碳发展。本书正是面向未来基于航迹运行新模式、空管绿色发展新需求的著作。

　　本书的主要内容包括绿色空中交通的平衡发展理念和基本概念、基本特征和指标体系、环境效能评估模型与方法、绿色航迹优化模型与方法等。在理论方法上，本书结合交通运输学和生态经济学理论基础，综合考虑了消费者航空服务需求、航空用户空中交通服务需求、航空公司经营性需求及全球可持续发展的环境要求，研究提出了促进空中交通绿色、经济、高效动态平衡发展的指标体系和测度方法；基于空中交通环境影响机理和低碳控制理论，结合我国空域结构、流量管理、容量约束和新航行技术应用等因素，研究提出了适合我国民航绿色低碳发展的航空器碳排放测算模型、环境效能综合评估方法、优化潜能测算方法、绿色航迹优化方法等。整套理论方法可用于综合评估和优化空中交通运行，同时也适用于未来新一代空中交通基于航迹运行的新技术模式。在应用实践上，中国已向全球宣布了减碳"30·60"的总体目标，减排本身并不是一种绝对的控制，而是追求一种优化，是争取以最小的、最合理的成本取得预期的效果。本书以实证评估为基础，以综合优化为目的，探究了一套平衡排放约束、经济效益和运行效率的空中交通运行模式，可以为我国民航基于自身的发展基础、发展速度、技术水平和运行环境等特征制定合理的碳排放基准、环境绩效目标、绿色发展战略等"中国方案"提供依据，也可为我国在全球航空业可持续发展规则制定和利益博弈中争取中国话语权和公平发展权等提供支撑。同时，本书基于我国航班运行的实际航迹数据，从全国、城市对和进近等不同层面，多维度实证评估了我国民航的排放量和空间分布情况，提出了一套精准治理重点区域、飞行阶段、城市对航班生态环境污染的优化模型理论和技术改进方法，可为政府部门科学精准治理提供实证依据，以有效减少航空器因排放导致的对生态、环境、人类健康的影响。

作者基于十余年从事民航空管节能减排工作中遇到的问题与思考，以及攻读博士期间的研究成果与心得编著了本书，基于我国空中交通的实际运行，探索建立了一套"绿色-经济"综合效能最优的空中交通运行理论与方法，其中相关方法和结论对民航空管领域从业者制定绿色规划、实施低碳管理、评估环境效能、优化综合航迹等具有实践支撑价值，对空管专业研究者探索新航行技术与低碳技术融合应用等具有理论价值，也可支撑我国民航探索实践中国式绿色发展道路。

作　者

2024.2

目　　录

第1章 概　　论

1.1　全球民航绿色发展背景

航空运输是综合交通运输体系的重要组成部分，是当今世界最活跃、最有潜力的产业之一，是国民经济的基础性、战略性产业。第一次世界大战后，民用航空业产生并快速发展，极大地提升了交通运输的安全水平、运输效率和运输距离，加大了全球经济社会活动的高效性和流通性，对促进经济社会发展、提升人民生活水平具有正外部性。但随着全球经济繁荣程度和社会流动水平的普遍提高，航空运输市场需求持续旺盛，航空器排放总量也持续增长，给全球生态环境变化带来突出的负外部性。

1.　航空业已经成为全球绿色转型的重点领域

"和平、绿色、发展"已成为当代世界的三大主题和全球人类共同的目标，航空器排放对全球气候、环境污染和人类健康的影响已经成为世界性的关注问题。航空器尾气排放物主要有 CO_2、CO、NO_x、HC、SO_2 等，其中 CO_2、NO_x 会直接导致全球变暖，会导致海平面上升、物种灭绝、极端天气增加、水资源短缺、粮食不足进而严重影响全球经济。航空器排放直接影响人类身体健康，如果减少 10% 的 NO_x 排放、60% 的 SO_2 排放将分别降低机场周围因航空器尾气污染导致的死亡率 5% 和 20%[1]。据国际能源署（International Energy Agency，IEA）数据显示，全球新冠疫情前，交通运输业已经成为全球第二大碳排放行业，仅次于电力/热力行业，其中航空运输 CO_2 排放占全球运输业总排放量的 13%，并处于快速上升阶段。据波士顿咨询公司评估[2]（见图 1-1），中国依然是世界上碳排放量最大的国家，占全球碳排放的比例超过 20%，其中交通运输业碳排放一直保持较高的增速，即使近 5 年我国大力推进生态文明建设，也仍以 5% 的增速增长，成为碳排放增速最快的行业。2021 年联合国在中国召开第二届联合国全球可持续交通大会，以"可持续的交通，可持续的发展"为主题，研究推动交通运输低碳转型。据国际清洁交通委员会（The International Council on Clean Transportation，ICCT）统计数据，2019 年（全球新冠疫情前）全球客货运航班 CO_2 共排放 9.2 亿 t，占全球交通运输行业总碳排放量的 10%，占全球碳排放总量的约 2%[3]，其中美国、中国和英国的航空业 CO_2 排放量位居全球前三，合计占据全球航空总碳排放量的 39.2%。从 2013 年到 2019 年，全球航空业碳排放量已超过国际民航组织（International Civil Aviation Organization，ICAO）预测数值的 70%[4]，是温室气体排放增长最快的行业。按照全球航空业发展周期规律，旅客运输量每 14 年增长一倍，货物运输量每 12 年增长一倍[5]，如果不采取任何有效的脱碳政策和技术，到 21 世纪中叶，航空碳排放量将较 1990 年增加 7~8 倍[6]，占全球总碳排放量的 25%。因航空业对生态环境影响大、污染范围广、责任划分难、减碳紧迫性强等特征，绿色航空发展已成为全球社会各界的广泛关注的问题。

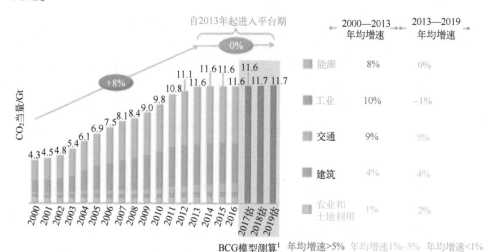

数据来源：CAIT；World Resources Institute（WRI）；2017—2019 年的数据基于 BCG 分析。

图 1-1　中国 CO_2 排放情况

2. 主要航空运输主体均已制定绿色发展的战略规划

为推进全球航空业的绿色可持续发展，国际民航组织、主要航空运输主体国家等都制定了绿色可持续发展的目标与技术路线。2015 年，《巴黎协定》确定了要将全球平均总升温控制在 2℃ 以内，长期目标 1.5℃ 以内。ICAO 制定了《国际民用航空公约》国际标准和建议措施附件 16《环境保护》，提出了包括飞机噪声标准、发动机排放（ON_x、非挥发性颗粒物、未燃尽的碳氢化合物、CO、烟雾）标准、飞机 CO_2 排放相关减排举措、国际航空碳抵消和减排计划（Carbon Offsetting and Reduction Scheme for International Aviation，CORSIA）等。美国联邦航空管理局（Federal Aviation Administration，FAA）与美国国家环境保护局（Environmental Protection Agency，EPA）将碳排放标准作为新飞机适航认证的标准之一，在下一代航空运输系统（next generation transportation system，NextGen）计划中，明确了推进以卫星导航等技术为基础的经济高效运行方式以减少航空 CO_2 排放。2021 年美国宣布重返巴黎气候协定，并承诺到 2050 年实现碳中和。2020 年欧盟委员会公布《可持续和智能交通战略》，明确提出到 2030 年至少减少 55% 的温室气体排放，到 2050 年实现碳中和，并提出了通过提高空中交通管理的效率减少飞行效率低下和空气空间分散造成的过量燃料燃烧和 CO_2 排放等绿色发展措施。欧洲航行安全组织（EUROCONTROL）制定发布了单一天空计划（Single European Sky ATM Research，SESAR），提出 2035 年每个航班减少 $250 \sim 500$ kg 油耗的目标，并制定了通过优化空中交通服务（air traffic service，ATS）航路航线网络布局、共享初始航迹信息、加强机场协同决策等措施提升空中交通管理（air traffic management，ATM）效率和降低空中交通对环境影响的路线图，同时具体分析了各飞行阶段的减排预期，初步确定将 ATM 环境效率列为环境影响的典型指标。自 2012 年以来，我国加快推进生态文明建设，提出了 2030 年前实现碳达峰、2060 年力争碳中和目标，但我国人均碳排放水平远高于欧美等低碳发达国家（见图 1-2）。面对交通领域预期碳排放 25%~30% 快速增长，按照《巴黎协定》2℃ 和长期 1.5℃ 的减排目标，据波士顿咨询公司评估我国交通领域将面临到 2050 年实现 55%~80% 的减排任务（见图 1-3）[2]。2016 年《中华人民共和国大气污染防治法》第 67 条将民用航空器发动机排出物适航标准要求纳入国家法律规定。民航局发布的《"十四五"民航绿色发展规划》《关于深入推进民航绿色发展的实施意见》等指导性文件，明确提出建设资源节约、环境友好型民航强国的绿色发展理念，提出了 2035 年前实现民航碳达峰的目标，围绕民航减污、降碳、扩绿部署了完善行业绿色治理体系、大力推进资源节约集约利用和努力减缓民航业对环境影响三大领域 8 个方面重点任务，并持续加大科技创新的战略支撑作用，从技术、运行、市场等三个方面统筹推进行业绿色发展，加快形成绿色低碳循环发展格局，不断拓展行业发展空间。

3. 空中交通技术革新已经成为绿色发展的有效手段

目前全球航空业在降低对环境影响方面主要采取的手段有：航空器与发动机设计改进、空中航行技术革新、ATM 效率和航司运营效能改善、可持续替代燃料使用、碳市场机制建立和环保型基础建设等。1960—2000 年间，航空器和发动机制造商通过改进飞机性能，有效地降低了 70% 左右的油耗和排放[8]。但相关制造技术越来越成熟，进一步实现跨越性创新需要的时间周期长、成本大，持续释放节能减排红利的空间越来越小。2006 年，欧洲境内航班因未按最优航迹运行额外产生的 CO_2 排放约占全年的 4%[9]，优化航空器空中交通运行轨迹、提升地面滑行和空中运行整体效率被广泛认为是具有显著节能减排效果的主要举措，

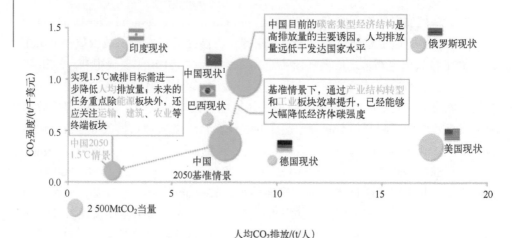

数据来源：CAIT；BCG 分析；中国现状为 2019 年数据，其他国家现状为 2016 年数据。

图 1-2　各国人均 CO_2 排放情况对比

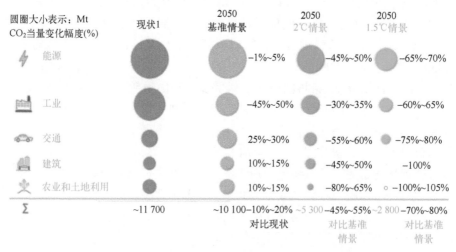

数据来源：CAIT；BCG 模型预算分析；中国现状为 2019 年数据；空心圆为负排放。

图 1-3　全球减排目标下中国主要领域减排目标预判

可减少总体燃料消耗 6%～12%，其中通过应用新航行技术可减少碳排放约 9%[10]。每减少 1 min 航班运行时间，一年将减少 480 万 t 碳排放[10]。2015—2019 年英国航空通过提升 ATM 效率减少的 CO_2 排放占总排放的 4.7%～6.5%，相比之下，提升机场、航空公司运行效率减排比例分别仅为 0.3% 和 2.1%[11]。可持续燃油（sustainable aviation fuel，SAF）按现行生产技术的成本约为普通航空煤油的 3 倍，氢基燃油约为航空煤油的 6 倍，IATA 的预期目标计划——2035 年

SAF 的生产和使用比例约占航空总需求的 17%，因产量有限，在技术和经济可行性等方面仍不具备广泛应用条件。2030 年前节能减排技术的重点在新航行技术应用上，2013 年 ICAO 发布了《全球空中航行计划》（DOC 9750，GANP），首次提出"航空系统组块升级计划"（ASBU），给出了一整套系统工程化的航行技术革新指南，并在 2016 年、2019 年进行更新完善，表 1-1 中呈现的是第六版（2019年）ASBU 中在 2025 年前重点推进实施的节能减排的主要技术要素。中国民航空管结合自身发展需要，参考 ASBU 制定了《中国民航空管现代化战略》（Civil Aviation ATM Modernization Strategy，CAAMS），并积极推进其中相关技术。因此，通过空中交通技术革新提升燃油效率从而实现节能减排被视为民航绿色发展潜力较大的领域，燃油效率也被列入衡量空中交通管理效能的重要指标。

表 1-1　ASBU（第六版）中具有节能减排效益的主要技术要素

引线	要　素	效　益
ACDM	B0/1 机场 CDM 信息共享（ACIS）	减少地面延误和滑行油耗
	B0/2 与空管网络的集成	
APTA	B0/1 PBN 进近	提升航班落地正常性，避免产生复飞阶段油耗
	B0/2 PBN 进离场程序	减少进离场阶段油耗
	B0/3 SBAS/GBAS 一类精密进近程序	提升航班落地正常性，避免产生复飞阶段油耗
	B0/4 连续下降运行	减少进场阶段油耗
	B0/5 连续爬升运行	减少离场阶段油耗
	B0/7 基于性能的机场最低运行标准——机场	提升航班落地正常性，避免产生复飞阶段油耗
	B0/8 基于性能的机场最低运行标准——航空器	
	B1/4 基于性能的最小横向间隔	
FRTO	B0/1 直飞航线（DCT）	减少非直线系数以减少航路油耗
	B0/2 空域规划与空域灵活使用（FUA）	
	B0/3 预先验证和协调的 ATS 航路	避免冲突导致的不必要机动以减少飞行油耗
	B0/4 基本冲突探测和一致性监控	
NOPS	B0/1 空域管理与流量管理的初步集成	减少因空域限制引起的绕飞改航，减少空中和地面等待油耗
	B0/2 协同网络航班更新	
	B0/3 网络运行规划	
	B0/4 A-CDM 与 AFLM 系统时隙信息交互	减少飞行全阶段油耗
	B0/5 动态 ATFM 时隙分配	
OPFL	B0/1 高度层更改程序	减少飞行阶段油耗

续表

引线	要素	效益
RSEQ	B0/2 离场管理	减少地面油耗和离场阶段油耗
	B0/1 进场管理	
	B0/3 点融合	减少进场阶段等待和机动，减少进场阶段油耗
SURF	B0/1 场面运行交通管理工具	减少地面延误和地面滑行油耗
	B0/2 对场面运行全面监视服务	
TBO	B0/1 在以流量为中心的方法中引入基于时间的管理	减少飞行全阶段油耗
WAKE	B2/1 基于 RECAT 尾流间隔标准	减少进离场尾流间隔，提升进离场效率，减少油耗
COMS	B0/1 CPDLC（FANS 1/A & ATN B1）用于国内空域	降低航线非直线系数，减少飞行阶段油耗
	B0/2 ADS-C（FANS 1/A）用于程序空域	

注：B0、B1、B2 表示 ASBU 建议在 2025 年前重点推进实施的技术模块。

4. 航空碳市场机制逐步成为绿色发展的管理趋势

为合理控制航空业碳排放增速，1992 年联合国环境与发展大会制定的《联合国气候变化框架公约》和 1997 年的《京都议定书》探索提出碳交易市场概念，包括构建完善的绿色发展管理机制、精准的污染物排放理论模型与检测评估系统、灵活有效的碳交易市场体系等。目前国际上探索形成自愿碳市场和强制碳市场两种机制，具有全球影响力的航空碳市场机制主要为 ICAO 的国际航空碳抵消和减排计划 CORSIA 和欧盟的排放贸易体系（European Union Emission Trading Scheme，EU-ETS）。2016 年，ICAO 第 39 届大会通过了具有历史意义的国际航空碳抵消和减排计划 CORSIA，航空业成为全球首个实行碳交易市场机制的行业。CORSIA 主张每年提升 2.5% 的油耗率、使用可持续航空燃油 SAF 以及全面实施碳抵消市场机制等措施，以有效控制航空业碳排放增量，并逐步达到 2035 年的 CO_2 排放量不超过 2020 年的排放水平（碳达峰），2050 年的 CO_2 排放量达到 2005 年的 50% 及以下，最终将全球航空碳净排放量稳定在 2019 年 5.8 亿 t 的水平（碳中和）。按照 CORSIA，2019 年和 2020 年是平均碳排放测算的基准年，2021—2026 年间，航空公司可以自愿选择参与，2027—2035 年间，ICAO 的 191 个成员的所有航空公司将按照 2018 年每 t·km 收入（revenue tonne-kilometers，RTKs）的份额被强制承担 CORSIA 责任（最不发达国家、部分岛国和内陆欠发达地区可自愿参与）。由于民航运输业遭遇新冠疫情重创，2022 年 IACO41 届大会调整了基线系数，通过并发布了 CO_2 排放核算、报告工具等一系列规范标准。至 2023 年，自愿参加 CROSIA 计划的国家已达到 115 个。

在此之前，为落实《京都议定书》，2003 年，欧洲议会建立欧盟排放贸易体系 EU-ETS，以 2004—2006 年航空历史排放均值的 97% 作为上限（3% 减排目标），其中 85% 免费配额、15% 购买配额，2012 年开始对所有抵离欧盟境内机场的航班全程产生的排放强制纳入 EU-ETS，2013—2020 年，EU-ETS 通过市场配额方式，减少与航空运输相关的 CO_2 排放量 1.934 亿 t。2016 年欧盟宣布从试点阶段开始全面实施 CORSIA 计划，并针对欧洲内部航班（包括飞往英国和瑞士的航班）继续适用 EU-ETS，欧洲以外的航班适用 CORSIA。

可以看出，目前航空碳市场的规则、标准仍然是以欧美为主导，而欧美等发达国家形成联盟在规则和目标设定中未充分考虑发展中国家的发展基础、发展条件、发展速度和技术水平等差异，试图突破《联合国气候变化框架公约》（United Nations Framework Convention on Climate Change，UNFCCC）中"共同但有区别的责任"等原则，通过制定统一的全球减排措施，以低碳技术限制发展中国家民航发展。但由于中国民航在绿色发展理论、排放测算模型、排放评估方法等方面基础薄弱，在全球碳交易规则制定和利益博弈中缺乏话语权。

1.2 中国民航绿色发展环境

1.2.1 生态文明建设的思想理念

中国自古就十分强调人与自然和谐共生的发展理念，新中国成立以来，中国更是在建设社会主义现代化的实践中，不断加深对人与自然的关系认识，不断把握自然发展规律，积极探索形成了中国生态文明建设的理论与实践道路。1973年，我国提出"全面规划、合理布局、综合利用、化害为利、依靠群众、大家动手、保护环境、造福人民"的 32 字环境保护工作方针；1983 年，环境保护被确立为基本国策；1995 年，可持续发展上升为国家发展战略；党的十七大首次提出生态文明理念；党的十八大以来，以习近平同志为核心的党中央把生态文明建设纳入了中国特色社会主义"五位一体"总体布局，把坚持人与自然和谐共生纳入了新时代坚持和发展中国特色社会主义的基本方针，把绿色发展纳入新发展理念；把"美丽"作为全面建成社会主义现代化强国的奋斗目标之一，把污染防治纳入三大攻坚战，相继实施了大气、水、土壤污染防治三大行动计划等；党的二十大提出了人与自然和谐共生是中国式现代化的鲜明特色，部署了加快推动交通运输结构调整优化、开展碳排放总量和强度"双控"、推进交通领域清洁低碳转型、健全碳排放权市场交易制度和积极参与应对气候变化全球治理等。

理论引领实践、实践印证理论，在建设社会主义现代化国家的征程上，中国生态文明建设形成了一套涵盖思维理念、发展方式、治理体系等的理论和观点，包括以下几方面。

①"生态兴则文明兴"的历史观。生态环境影响文明兴替，坚持节约资源和环境保护是我国的基本国策，也是中华民族的伟大复兴必须坚持的绿色发展道路。

②"坚持人与自然和谐共生"的自然观。自然是人类赖以生存和发展的基础，在社会和经济发展过程中，必须要坚持节约优先、保护优先、自然恢复为主的方针，共同保护不可替代的地球。

③"绿水青山就是金山银山"的发展观。绿水青山是自然生态财富也是社会经济财富，必须贯彻落实"创新、协调、绿色、开放、共享"的新发展理念，调整产业结构和生活方式，构建资源节约和环境绿色的可持续发展模式。

④"良好生态环境是民生福祉"的民生观。经济发展和生态保护都是为了民生，要始终坚持为人民服务的宗旨，加快整治影响人民身体健康的环境问题，以满足人民日益增长的对美好生态环境的需求。

⑤"山水林田湖草是生命共同体"的系统观。自然是一个生态系统，是互相依存的有机生态链，一草一木都是人类生存发展的物质基础。必须坚持系统观念，统筹兼顾、整体施策，全方位、全领域、全过程地推进生态文明建设。

⑥"严格依法治理"的法治观。严格的制度、严密的法治是生态文明建设的基本保障。要将生态保护红线、环境质量底线、资源利用上线作为国家经济和社会发展必须严守的三条红线，刚性约束，强化生态文明建设任务的有效实施。

⑦"全民行动"的共治观。自然环境与每个人息息相关，必须要齐心协力、共同治理。通过宣传教育，引导人民绿色发展、绿色生活的意识转变和自觉行动，汇聚全社会力量共同建设美丽中国。

⑧"共谋全球绿色发展"的全球观。积极应对气候变化是全球各国共同的责任。必须秉承人类命运共同体理念，深度参与全球生态环境治理体系，引领和推动公平合理、合作共赢的全球可持续发展战略制定和实施。

1.2.2 民航绿色发展的基本思路

中国民航局《关于深入推进民航绿色发展的实施意见》明确了民航运输产业绿色可持续发展的基本思路如下。

① 转变理念，绿色发展：民航发展要以新发展理念为重要导向，对传统粗放型、经济效益至上的民航发展经营模式作出调整，逐步重视环境保护相关目标尤其是碳排放方面的控制。

② 创新驱动，标准引领：在创新驱动发展战略的引导下，民航绿色发展要以新的国际国内标准作为指向标，以科技创新作为原动力，包括航空器制造技术，空域规划技术，航行智能化技术在内的多项新型关键技术的不断革新，推动

民航产业绿色高速发展。

③ 整体推进，重点突破：推进民航产业绿色发展不仅依赖于各个航空技术层面的进步，也依赖于航空公司、机场、空管部门的协同发展运作，只有三大民航主体齐头并进，才能更好地促进民航运输产业绿色发展。除此之外，应当着重以目前较为突出的机场、空域容流不平衡问题，机场周边噪声问题作为重点突破对象发展新型关键技术进行绿色目标优化。

④ 共建共治，成果共享：民航绿色发展不仅需要国内全体机场、航空公司、空管单位的共同努力，也需要全球范围内包括航空器制造商、各大航空公司联盟、国际民航组织在内的所有民航团体将其作为努力的方向，因此，积极寻求国际合作，协同发展，是未来绿色民航发展规章制定的重要手段。同样地，绿色民航的发展成果也是全球人类共同享有的福祉。

⑤ 深化拓展，久久为功：民航绿色发展是一场持久战，不能寄希望于在短期获得较好的效果，同时，即便出现了较好的民航绿色发展成果与新趋势，仍应当继续坚持深化革新相关技术及继续完善管理手段，绿色发展关系到人类存亡大计，应当矢志不渝。

探索绿色民航发展新模式的难点和重点是在兼顾经济发展与生态保护的基础上，建立资源节约型环境友好型中国特色航空运输体系，降低航空运输产业各方面运营成本，寻求民航的可持续、高质量发展道路。即寻找"发展"与"环保"之间的平衡点，旨在追求发展的同时又能够将发展导致的环境污染控制在可以接受的范围以内，既不为了环保而放弃发展，也不为了发展而放弃环保；绿色平衡理论对于当前各项经济指标高速增长，产业革新迅速的中国来说，是一种十分重要的思想意识和发展理念。当前针对环保-效益的相关研究中一般采用环保与经济的费用-效益平衡理论对污染和污染导致的经济效益进行分析，即将"环境保护"也看作一种商品进行分析，将环境污染引起的经济损失量化评估研究，进而寻找费用-效益平衡点，如图 1-4 所示。

图 1-4 反映了污染治理力度、污染效益与污染治理费用之间的相互关系，图中边际效益曲线具有从左往右向下倾斜的几何特征，其意义为：在发展前期适当以牺牲环境为代价可获得较大的经济效益回报，而在后期污染环境所获得的收益降低；边际费用曲线具有从左往右向上倾斜的几何特征，其意义为：在污染前期适当投入污染治理可获得较好的环境治理效果，而随着污染导致环境恶化后所需治理费用迅速增长。

在绿色民航发展运行过程中，也有着相似的规律，航空业为经济社会发展提供动力的同时必然带来排放、噪声等环境污染，管理者应当寻找民航运输产业中的对社会发展最有利的最佳费用-效益平衡点，进而通过有效管理手段使得民航

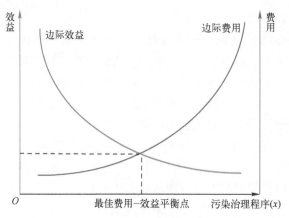

图 1-4　绿色民航费用–效益平衡点示意图

运输相关产业可以在发展与环保之间实现动态平衡，进而逐步完善当前我国绿色民航发展体系，最终实现绿色民航发展运行模式。

1.2.3　民航绿色发展的转型压力

航空业是国民经济中重要的基础性、先导性、战略性产业，也是贯彻国家生态文明思想实现绿色发展的重点攻坚领域。加快绿色转型、实现碳达峰、碳中和是民航贯彻落实党的二十大战略部署的一项重要政治任务，也是奋力谱写交通强国民航新篇章的必然要求。当前我国民航面临发展与减排双重压力，体现在：

1. 未来发展减排压力较大

经历 70 年发展，中国民航始终保持年均 10% 的高速增长，并已成为全球第二大航空运输大国，对全球民航增长贡献率超过 25%，但碳排放也长期稳居全球第二。面对百年变局和全球疫情影响，我国经济发展当前面临需求收缩、供给冲击、预期转弱三重压力，全球经济复苏缓慢、通胀压力上升，给中国民航带来严峻挑战，但经济短期波动、环境复杂严峻并不会改变中国民航市场潜力巨大、增长势头强劲的发展逻辑和大势。到 2035 年，我国人均 GDP 将达到中等发达国家水平，基于欧美发达国家民航发展经验，航空旅客运输量与 GDP 的增长弹性将大于 1.1，即 2035 年我国民航将保持 5% 左右的增速，人均航空出行次数将由疫情前的 0.47 次，上升到 1.2 次，届时航空旅客运输市场需求将超过 17 亿人次。我国民航发展的基本需求和碳排放仍面临刚性增长，如果不探索出适合我国民航发展且兼顾发展与减排的平衡措施和路径，排放约束将成为制约我国民航发展或加大发展成本的重要因素。

2. 绿色转型时间周期较短

欧美发达国家航空业已经历百年以上的发展历程，基本在 20 世纪初已经实现了自然达峰，其发展路径是先污染、后治理，按照其承诺的在 2050 年实现碳中和，转型周期约四五十年。而我国民航的快速增长期仅 20 余年，却面临"边发展、边治理"的环境压力，即使我国民航到 2035 年实现碳达峰，面对 2060 年实现碳中和的任务，最多也只有 25 年的过渡期。而我国在航空制造业、低碳技术、可替代燃油等航空脱碳核心技术领域的自主创新能力仍远远落后于发达国家，短期内很难实现技术赶超并释放转型动能。因此近期通过提升空中交通运行效率、航空公司运营效能、可再生能源利用等实现绿色转型发展面临前所未有的压力和挑战。

3. 国际民航脱碳环境复杂

按照《联合国气候变化框架公约》《国际民用航空公约》等总体部署，全球已初步形成了关于航空业减排目标、技术框架、市场机制等发展共识，并在积极推进具体实施细则、路径等方面的工作。但近年来，欧美发达国家在国际航空减排问题上，采取了法律、贸易、政治等多领域博弈策略，对中国等发展中国家民航减碳施压强度明显增大，并将"碳"与航权、时刻、税费、适航等双边领域重大问题挂钩。欧美发达国家航空业具有先发优势和标准话语权，但其忽视"共同但有区别的责任"等原则，未充分考虑发展中国家公平发展权和基本技术水平，单方面制定全球统一的减排理念、标准、碳交易机制等。根据国际民航组织统计，2001—2019 年，发展中国家民航周转量占全球总量的比重从 31%上升到 54%，发达经济体占总量的比重则由 69%下降至 46%。按照飞机制造商的市场预测，2022—2041 年，发展中国家民航运输年均增速多在 4%以上，而欧美发达国家均不足 3%。按照欧美主导的 2024 年在全球实施 CORSIA 规则，如不能积极科学应对，中国民航将承担更多的减排责任和成本，直接影响未来的发展空间、全球竞争力和高质量转型发展进程。

4. 航空低碳核心技术受限

目前，美国波音、欧洲空客作为民用客机主要制造商占据全球主要市场，并掌握着航空制造业的主要核心技术，在优化新型节油客机、研发氢能和电动等新型飞机方面具有绝对技术优势。通用电气公司及其合资公司作为全球四分之三商用飞机的发动机提供商，已启动可持续发动机革命性技术研究项目，在改进发动机和燃气轮机效率、兼容可持续燃料等减碳技术方面全球领先。ICAO 发布的全球航行新技术指南也是由欧美等发达国家航空制造业推动形成的，其中基于航迹的运行、连续爬升/下降等多项技术都具备节能减排效果，但多涉及航空器改造等核心技术。近年来，中国商飞、中国电科等国有企业虽然在飞机制造业、空管核心设备等方面逐步实现技术突破，国产化能力和水平显著提升，但是在绿色低碳核心技术方面仍然主要依靠或跟随西方发达国家。

5. 绿色空中交通理论薄弱

中国民航仍处于绿色发展的起步期，低碳交通控制、航空生态经济学、空中交通额外排放机理等领域的理论研究与应用实践相对薄弱，特别是在空管领域绿色发展指标、测度方法和优化方法研究方面基础薄弱，尚未形成较为成熟、公认可行的绿色空中交通指标体系和评估优化方法。在《"十四五"民航绿色发展专项规划》中，中国民航绿色转型的总体目标中只包括航空公司和机场领域指标（见表1-2），空中交通绿色优化多停留在应用实践，缺乏系统规划、目标引领、效果评价、绩效激励等，只有在基础理论、技术突破、法规标准、管理机制等方面全面推进，才能实现碳中和的本质性跨越。

表1-2 "十四五"时期民航绿色发展主要目标指标

类　　别	指　　标	2020 年	2025 年
航空公司	运输航空机队吨千米油耗/kg	［0.295］	［0.293］
	运输航空吨千米二氧化碳排放/kg	［0.928］	［0.886］
	可持续航空燃料消费量/万 t		［5］
机场	单位旅客吞吐量能耗（折合标准煤）/kg	［0.948］	［0.853］
	单位旅客吞吐量二氧化碳排放/kg	［0.503］	［0.43］
	单位旅客吞吐量综合水耗/L	［70］	［60］
	场内纯电动车辆占比/%	16	25
	可再生能源消费占比/%	1	5

注：引自《"十四五"民航绿色发展专项规划》；［ ］内为 5 年累计数。

1.2.4　绿色空中交通的实践成效

民航空管坚持"创新、协调、绿色、开放、共享"的发展理念，在保障安全运行的基础上，以高质、高效发展为目标，以科技创新为支撑，多措并举不断优化协同发展环境，积极推动民航绿色可持续发展。以建设资源节约型和环境友好型民航为目标，以降低航空器油耗、减少污染排放为重点，围绕优化民航空域环境、提升管制服务水平、提高气象服务品质、推进新技术应用等方面开展绿色发展实践，取得了显著成效。

1. 在优化民航空域环境方面

一是优化航路航线网络。稳步推进"10+3"空中大通道建设工作，京广、沪蓉等7条大通道相继贯通，M503、兰乌、成拉复线成功开辟，有效缩短了部分航路飞行距离，提升了航班运行效率。以京广大通道为例，北京首都机场至粤港澳的航班里程全年可缩短约 318 万 km，节省燃油约 1.7 万 t，减少碳排放约 5.4 万 t。二是实施进离场分离。为提升终端区空域容量、减少潜在运行冲突，对进离场航线布局进行改造优化，使终端区航班流最大限度实现"进出分离、隔离运行"。空管系统负责管制指挥的 46 个机场中，26 个机场实现了进离场全部分离，18 个机场部分分离，有效减少了进离场航班等待时间。三是降低航线非直线系数。为减少航班绕航，切实提高空域运行效率，空管持续优化北、上、广、成四极班机航线走向。以首都机场往返成渝地区部分机场班机航线优化为例，首都机场去往成都双流机场的非直线系数从 1.175 下降到约 1.068，回程从 1.219 下降到约 1.079。经估算，方案实施后共减少航班里程近 250 万 km，节省油耗约 1.35 万 t，降低 CO_2 排放约 4.25 万 t。四是推进空域灵活使用。不断强化军民航协同，申请开辟临时航线，并建立和完善日常使用协调机制。截至 2022 年底共开辟临时航线 287 条，共 5.5 万 km，占航路航线总里程的 22.1%。2013—2022 年累计 397.9 万架航班使用临时航线，共缩短飞行距离 1.5 亿 km，节省油耗 77.8 万 t，减少 CO_2 排放 244.8 万 t。

2. 在提升管制运行效率方面

一是持续优化运行标准。按照国际民航组织倡导的间隔标准，将我国区域、进近的最小雷达管制间隔进一步缩小至 9.3 km、5.6 km。二是精细化流量管理。全国流量管理系统正式投入运行，流量管理模式由"粗放式、分散式"的间隔管理转变为"精细化、集中式"的总量管理，流控信息直接精准发布至目标航班，减少了层层传递、层层加码的情况。三是践行真情服务。要求一线管制员，主动为航班提供便利高效的运行服务。优化跑道分配，安排航班就近起降，减少航班地面滑行时间；在空中引导航班直飞，缩短飞行距离；在目的地机场由于天气、其他用户活动等原因短时无法接收落地航班时，采用空中等待的方式减少航班返航备降，为航班低碳运行提供支撑。

3. 在应用绿色低碳技术方面

依照《中国民航航空系统组块升级（ASBU）发展与实施策略》，中国民航空管不断推进"智慧空管"建设，发挥新航行技术应用在民航绿色发展中的积极作用。一是中国尾流重新分类（Recategorization - China，RECAT - CN）技术（见图 1-5）。2019 年 12 月首先在广州、深圳两场开展了 RECAT-CN 的试验运行，以重型飞机空客 A330 和波音 787 为例，前后机之间的尾流间隔从 7.4 km 缩减至 5.6 km，可节油 27 kg，降低碳排放 85 kg。目前 RECAT-CN 已在北京首都机场等 14 个千万级机场实施运行，据初步测算，RECAT-CN 的实施将提升 2% 的跑道高峰时段容量。二是连续爬升/下降运行（continuous climbing operation/continuous descending operation，CCO/CDO）技术。通过改善航空器在下降和爬升阶段的飞行剖面及经济性能，从而达到节能减排、提升安全水平和降低工作负荷的效果。目前已在浦东、广州等十余个大中型机场实施，并将继续推广。2022 年，共 2 339 架次航班执行 CDO/CCO 运行，累计降低油耗 365.9 t，减少碳排放 1 132.2 t。三是点融合系统（point merge system，PMS）技术。该项技术可以辅助管制员进行高效的进港排序，精确直观地掌握航班间隔。据统计，实施 PMS 后，管制高度指令减少 60% 左右，航向指令减少 70% 左右，调速指令减少 60% 左右，大幅提升航班进场效率，减少进场等待所产生的额外油耗和排放。PMS 已在浦东等 6 个繁忙机场实施，并将在北京、昆明、乌鲁木齐等地机场推广应用。

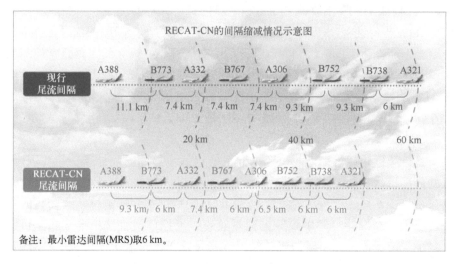

图 1-5　RECAT-CN 的间隔缩减情况示意图

1.3　绿色空中交通研究的意义

从全球航空业绿色发展环境可见，我国民航发展迅猛，对环境影响强度大、范围广，面临紧迫的转型发展压力。空中交通运行的优化和新航行技术的应用是减排潜能较大的领域，也是未来全球航空业绿色发展的重点方向之一。目前，全球碳交易市场机制正在积极地研究推进，中国作为全球第二大运输大国应主动参与到国际规则的制定中，但我国民航在绿色发展的基础理论方法方面相对薄弱，特别是针对空管领域绿色发展尚未形成系统科学的理论方法，难以支撑民航绿色发展目标和路径的规划制定。面对未来以四维航迹运行为核心的全球新一代新航行技术发展，深入研究基于航迹数据的航空器油耗和排放测算、环境影响评估，以及航迹绿色优化潜能和方法是全球交通运输业可持续发展的基础和必经之路。

1. 理论价值

在可持续发展理论方面，探索交通运输学和生态经济学的有机结合，在确保安全运行的基础上，平衡消费者持续增长的航空服务需求、各类航空用户差异化和多元化的空中交通服务需求、航空公司对成本效益的经营性需求、全球可持续发展对航空环境影响的刚性要求等各方综合发展期望[7]。研究提出促进空中交通绿色、经济、高效、平衡发展的优化理论方法是支撑航空业可持续发展在空管领域的理论基础。

在空中交通额外排放机理和低碳交通控制理论方面，因航空器的运行效率、经济效益和排放量之间的关系是复杂的，且在不同机型、航线、飞行阶段等条件下的帕累托最优也是不同的，亟须探索航空运行与生态环境的动态平衡关系。研究建立平衡运行效率、运营效益、绿色发展等多目标的绿色空中交通运行理论和方法，建立不同约束下绿色空中交通航迹优化模型方法，是支撑空中交通管理实现综合效能最优的运行模式、推动航空业绿色发展、积极应对气候变化的前沿性探索。

在空中交通环境影响机理方面，空中交通运行包括滑行、起飞、巡航、下降等多个飞行阶段，涉及机场/跑道、终端区、中高空空域等不同环境空间，其对环境的影响主要表现在气体排放和噪声污染方面，具有显著的多样性和混合性，且环境影响随着空中交通运行环境和条件变化不断演变，因此，研究建立精准、可行的全阶段航空器排放测算模型及综合评估与优化方法，探索空域结构、流量管理、容量约束等因素对环境影响的时空特征及推移演变机理是实现航空业排放管理与脱碳发展的理论基础。

在基于航迹运行的理论方面，ICAO 的航空系统组块升级计划（ASBU）、欧洲的单一天空计划（SESAR）、美国的下一代航空运输系统（NEXTGEN）、中国的空管现代化战略（Civil Aviation ATM Mordernization Strategy，CAAMS）中均将基于航迹运行（trajectory-based operatio，TBO）定位成全球航空运输系统变革的关键核心技术，并将新航行技术的节能减排效果作为其重要评价指标[12-14]。目前，这个问题在理论研究层面没有得到足够的重视，在应用层面尚未实现。亟须研究探索在 TBO 背景下，理想和现实不同运行环境、固定航路和可选航路等不同空域刚性强度下，航迹优化对于油耗的改善潜能和优化方法，特别是从空域用户和空中交通管理人员的角度出发，综合考虑时效性约束、可选航路空间和扇区容量限制等异质约束条件的四维航迹多目标优化模型，是科学制定现代化空中交通管理体系发展环境绩效目标和实现路径的理论依据基础。

2. 应用价值

在精准整治空中交通环境影响方面，航空器排放对全球气候、环境污染和人类健康的影响已经成为世界性的关注问题，各运输主体国家都有责任和义务研究探索航空器节能减排的潜在方法、建立健全导向性绿色发展目标指标体系。基于我国航班运行的实际数据实证评估分析空中交通排放量和空间分布情况，是行业对重点区域、阶段、城市对等科学精准优化的实证依据，可以有效减少航空器因排放导致的对生态、环境、人类健康的影响。

在支撑绿色发展战略和碳交易机制规则制定方面，我国亟须研究建立一套完整的基础理论方法，包括碳排放测算模型、评估方法、优化潜能测算方法、优化模型理论和技术改进方法等，还要基于理论模型测算评估我国航空碳排放基准水平、合理降碳目标等，拿出适合中国发展基础、发展速度、技术水平和运行环境特征的航空业绿色发展战略和碳市场机制方案建议，以应对欧美等发达国家单方面制定的统一全球减排措施对发展中国家民航发展带来的不公平、不合理限制，争取中国民航在全球碳市场领域的国际话语权和在全球航空市场中的公平发展权。

在提供有效排放测算方法手段方面，绿色空中交通研究的重要基础数据是油耗量，该数据存储于航空器的机载快速存取记录器（quick access recorder, QAR）中，但由于 QAR 数据蕴含的信息丰富且敏感，一般属于航空公司商业机密，难以获得。同时，全球市场化趋势的航空器排放测度和交易所需数据来源于不同航空公司，特别是针对在我国空域运行的外航航班，完整收集、处理 QAR 数据的难度较大，准确性难以保证。因此，研究基于航空器四维航迹的排放测算、综合评估和优化更具可操作、可推广的应用价值。

1.4　国内外研究基础

根据法国巴黎银行调研数据显示，航空业碳排放的 79% 来源于航空器飞行阶段航空燃油的燃烧，20% 来源于航空器地面阶段的活动，不足 1% 来源于航空相关活动间接产生，航空污染物排放与油耗具有显著正比关系[15]，因此研究航空业绿色发展的关键在于减少航空燃油相关的碳排放。

ICAO 航空环境保护委员会（Committee on Aviation Environment Protection, CAEP）预计通过优化空中交通管理模式和运行轨迹每年可以降低油耗 5.4 万~10.7 万 t。波音、空客和中国商飞预测未来 20 年全球将交付飞机 4 万架左右，旺盛的航空运输市场需求将被持续释放，在全球气候治理和航空业 2025 年净零碳排放等目标约束下，研究优化航空器运行轨迹、提升燃油效率、降低环境影响的理论和方法是支撑全球航空业实现绿色转型发展的重要基础。

立足研究目标和基本思路，本节围绕绿色空中交通评估与优化研究内容，主要从空中交通环境影响评估和绿色空中交通运行优化两个方面梳理相关研究现状，为本书开展空中交通环境影响评估与优化方法研究提供思路和方法借鉴。

1.4.1　绿色空中交通评估方法

1. 油耗测算

2019 年，全球航空业的燃油成本约占运营成本的 23.7%[16]，过度的油耗给航空公司带来巨大的经营压力，也为全球航空业绿色可持续发展带来巨大挑战。油耗测算模型旨在通过剖析航空器运行过程中油耗的影响因素，快速、准确地测算出油耗，这是客观量化分析节能减排效果和优化空间的基础。目前，油耗测算模型主要有数学模型、数据驱动模型和混合模型三种。

（1）数学模型

数学模型将航空器视为质点，通常表示为一组微分方程：给定航空器的初始状态（质量、推力、位置、速度和倾斜角）和气象条件（风速和风向），在规定时间间隔内对微分方程积分测算油耗。其核心思想是能量平衡（energy balance，EB），即航空器飞行所需动能和保持高度势能要与其消耗航空燃油产生的能量平衡。1982 年，Collins 首次根据航迹确定航空器运行过程中动能和势能的变化，从而建立油耗测算模型[17]。因其能较好解释系统的物理意义，基于能量平衡对飞行油耗进行测算已经进行了广泛的研究[18,20]，并应用于 FAA 研发的机场与空域仿真模型 Simmod 中。在能量平衡模型中，EUROCONTROL 出版的《航空器基础资料》（*Base of Aircraft Data*，BADA）[21]通过将航空器视为一个质点，建立了全能量模型（total energy model，TEM），模拟航空器运行过程中动能和势能的转化关系，涵盖航空器运行参数及航空公司运行参数等数据，被广泛应用于航迹预测和油耗测算中[22-24]。

（2）数据驱动模型

由于数学模型方法是基于一系列基本假设和简化条件的模型进行测算，与实际运行存在偏差[26,28]，同时数学模型还包含许多参数，这些参数的值必须用稀少的观测数据来计算，这进一步降低了利用数学模型测算油耗的准确性[29]。为了精确测算飞行油耗，利用数据驱动模型测算油耗成为新的研究热点[30]。近年来，研究学者提出了多种数据驱动模型，通过使用数据挖掘算法和机器学习来测算油耗[31-33]。在数据挖掘算法中，研究学者使用了线性回归[34]、非线性回归[35]、决策树[36]、主成分分析[37]等方式测算飞行油耗。在机器学习模型中，学者们采用支持向量机[38]、随机森林[39]、神经网络[40-41]及集成机器学习方法[42]，测算了爬升[43]、巡航[44]、下降[45]及全飞行阶段[46]的油耗。其中，深度神经网络以其在自动特征提取和端到端建模上的优良特性，引起了各国学者的热切关注[47-48]。随着研究的不断深入，数据驱动模型的预测能力越来越依赖数据的可用性和样本的多样性[49]，学者将图形模型（grapical model）[50]、贝叶斯估计（Bayesian estimation）[51]、马尔可夫模型（Markov model）[52]及混合图形（mixed graph）[53]与机器学习模型结合，表征预测模型的不确定性。同时，数据驱动模型也被运用在阐明垂直剖面、速度剖面、下滑角等飞机状态属性与油耗的关系方面[54-56]。

（3）混合模型

数学模型包含航空器运行的系统物理特性，数据驱动模型可以有效挖掘航空器油耗量和特征，研究学者基于历史运行数据开展了大量研究，证明将数学模型和数据驱动模型相结合可以显著提高模型的准确性。其原理在于利用数学模型完善数据驱动模型的构建、学习及结果输出全过程，同时利用真实运行数据对数学模型进行校正[57-58]。1997年，Schilling首次将基于能量平衡的数学模型与神经网络（neural network，NN）相结合，测算了航空器油耗[59]。受Schilling启发，近年来开发更为鲁棒、精确的油耗预测和航迹预测混合模型成为研究热点。2019年，Rodríguez-Sanz等人探究如何利用轨迹时间窗来避免不确定性。首先利用BADA模型构建四维航迹，随后利用蒙特卡罗评估参数的可变性，最后使用贝叶斯网络识别对航迹具有显著影响的变量[60]。2020年，Lyu和Liem将航空器运行数据信息映射到飞机性能模型中构建了混合模型，以预测油耗和航空器状态信息[61]；2021年，Jidaikhan等人为了消除不可用信息在航迹预测和油耗测算的误差，设计了协方差双向学习机（covariance bidirectional extreme learning machine，CovBELM），实验证明该方法比现有其他方法更精确、更鲁棒[62]。

2. 污染物排放测算

航空污染物排放测算研究旨在阐明特定时间段内排放源在空域单元内产生的污染物种类和总量信息，剖析污染物不同时空维度的状态演变规律和影响机理，这是绿色空中交通理论与实践研究的基础。自20世纪80年代开始，国外学者逐步开始探索和研究航空排放对气候变化的影响[64-66]，分析不同空域单元内与航空运输相关的排放物的种类和数量[67-69]，探索各种条件下污染物浓度的分布及其随时间变化的趋势[70-71]，并开发了全球航空排放评估系统、污染排放及扩散模型系统、英国航空综合模型及飞机性能模拟软件等航空排放测算软件，以期通过环境模拟，量化分析污染情况，为制定标准规范和污染防控措施奠定基础。目前，航空大气污染物排放测算研究的方法主要分为监测研究和模型测算。

（1）监测研究方法

监测研究方法，即在特定空间范围内对大气进行监测，是获得污染物种类和浓度数据最直接、准确的方法。20世纪80年代，研究学者通过傅里叶红外光谱仪测量发动机排放物连续波长的红外光源经过大气气体组分吸收后的吸收光谱，计算和反演大气中气体组分浓度，用以分析发动机排放物成分和红外特性，因其成本低、灵活性高、灵敏度高，而被广泛应用[72-74]。此外，研究学者还采用可见光谱/微型差分吸收光谱[75]、色谱分析[76]、开放路径设备[77]及在航空器排气管后安装探头[78]等方法测定航空器排放。然而，这些研究重点关注测定和分析单一飞机发动机引擎的排放情况，分析飞机发动机排气组分，并不能反映机场实际运行对周边的污染影响，对单一发动机的排放实验无法评估多航班起降复杂条件下飞机引擎排气对机场周边的宏观污染情况。

（2）模型测算方法

模型测算方法，即基于测量搭建排放数据库，通过建立模型估算发动机实际运行时的燃油流率、航空器各类排放量等。因模型研究的可操作性和测算范围优于监测研究方法，国内外研究学者面对航空器排放量的模型测算方法进行了大量研究。航空器的排放量与运行时间、排放指数、燃油流率等运行参数密切相关，为量化航空器运行产生的排放对局部环境乃至全球气候变化的影响，ICAO 将航空器的运行划分为两个阶段：一是 LTO（landing and take-off，起降）循环阶段，包括进近、滑行、起飞、爬升，其中进近阶段指地表至大气边界层 915 m 范围内的近地面；二是包括巡航阶段在内的非 LTO 循环阶段[79]。目前国内外学者主要基于航空器的运行阶段和特征，研究提出了不同适用条件和精度的航空器排放测算模型方法，主要包括 ICAO 方法，EPA（evaluation of air pollutant emissions from subsonic commercial jet aircraft，亚音速商用喷气式飞机排放污染评估）方法，EMEP（environmental monitoring evaluation protection program，环境监测评估保护计划）方法，MEET（methodologies for estimating emissions from transport，运输排放估算）方法，ALAQS（airport local air quality study，机场空气质量研究）方法和 SOURDINE Ⅱ（study of optimization procedures for decreasing the impact of noise，降噪程序优化研究）方法。

① ICAO 方法。依照所需数据和计算复杂度，ICAO 为喷气式发动机制定了三种污染物排放测算方法，由简单到复杂依次为简单方法、高级方法及复杂方法[79]。其中，简单方法假设不同机型在 LTO 不同阶段的运行特征基本相同，以 Doc 9889 提供的不同机型、不同种类排放物的平均排放指数作为重要参数，结合 LTO 循环次数，即可计算出 CO_2、SO_2、HC、CO 及 NO_x 的排放量。由于简单易行，该方法常被用于快速估算航空器在 LTO 阶段的排放[80-82]。然而，由于假设不同机型在 LTO 各阶段内运行特征相似导致计算结果误差较大，同时无法细化进近、滑行、起飞和爬升的排放量，该方法的计算结果只能作为定性参考。为了细化计算航空器在 LTO 不同阶段的排放和油耗，微观解读航空器在 LTO 不同阶

段的排放特征和影响因素，ICAO 在该方法的基础上提出了高级方法。高级方法通过考虑燃油流率与各污染物排放指数在不同运行阶段的变化，以及航空器在各阶段的运行时间（time-in-mode，TIM），提高航空器污染物排放测算精度。航空器在 LTO 不同运行阶段的燃油流率与 HC、CO 及 NO_x 的排放因子可从 ICAO 的发动机排放数据库（engine emissions data bank，EEDB）中获取。通过高级方法，根据文献 [83] 可以查询各类常见航空发动机在 LTO 阶段的污染物排放量和油耗情况。研究表明，滑行时间[84]、发动机推力设定值[85]等运行参数对航空器污染物排放具有较大影响，导致采用 ICAO 高级方法的估算结果与真实值差异很大。鉴于此，ICAO 复杂方法建议采用航空器实时监测的真实信息，例如航空器在不同负载、不同气象因素、不同运行阶段等条件下的推力、油耗、时间等参数作为输入的计算排放量，QAR 数据因完整地包含了所需的各类航空器运行参数，而被国内外学者广泛关注，学者们将气象要素[86]、滑行时间[87]、发动机推力设定值[88]、燃油流率和排放指数在不同运行阶段的变化[69,89]等要素与标准 LTO 循环排放计算模型相结合，更精确地估算航空器污染物的排放量。

② EPA 方法。EPA 方法可归纳为以下 6 个步骤：步骤 1，确定 LTO 循环的混合高度；步骤 2，确定 LTO 循环的次数；步骤 3，确定机型；步骤 4，根据机型确定排放系数；步骤 5，估算 TIM；步骤 6，根据 LTO 循环的次数、TIM 和航空器排放系数计算排放。可见，对于 LTO 循环期间航空器的排放测算，EPA 方法与 ICAO 高级方法十分相似。主要区别在于：考虑到混合高度对进近和爬升持续时间的影响，EPA 方法提供了不同混合高度下进近和爬升时间的修正方式，并提供了混合高度为 915 m 时的航空器进近和爬升的运行时间[90]。由于数据和方法同 ICAO 高级方法相似，对于单架航空器而言，二者差别不大[91]。通过 EPA 方法，可以建立不同混合层高度与航空器排放之间的映射，阐明航空器排放与气象要素之间的关联关系。韩博等人[90]充分考虑了大气混合层高度的影响，采用 EPA 方法修正运行时间，制作了 2018—2019 航季年京津冀机场群航班 LTO 运行阶段大气污染物排放清单，结果表明 NO_x 排放受混合层高度变化影响较大。

③ EMEP 方法。欧洲环境署（European Environment Agency，EEA）利用决策树理念颁布了 EMEP 方法[92]，按照模型的复杂程度、所需数据差异、测算精度及模型适用目的等的不同，又细分为 1 级（Tier 1）、2 级（Tier 2）和 3 级（Tier 3）。其中：Tier 1 假定航空器排放与油耗呈线性关系，将航班划分为国内航班和国际航班，根据 EEA/EMEP 指导书中提供的排放指数、航空器在 LTO 循环和高空巡航阶段的油耗即可计算污染物的排放量，这是一种"自上而下"的计算方法。然而，该方法的排放系数是平均排放系数，没有考虑不同机型、不同运行阶段对航空器排放的影响，对排放物的测算造成较大的不确定性。Tier 2 与 Tier 1 相似，

假定航空器排放与油耗呈线性关系，将航班划分为国内航班和国际航班，根据航空器在 LTO 循环和高空巡航阶段的油耗即可计算污染物排放量。区别在于，该方法的排放系数是根据机型、飞行阶段，以及不同国家的燃料质量和减排技术等信息制定的，能够提供更精确的污染物排放量测算结果。Tier 3 是一种"自下而上"、基于运行的测算方法，即基于实际飞行运动数据，根据不同机型、不同运行阶段相应的排放指数测算航空器在不同飞行阶段的排放。根据所需数据、计算方式的不同，该方法又被划分为 3A（Tier 3A）和 3B（Tier 3B）方法。除了机型、不同运行阶段及不同国家航空工业水平差异对排放的影响，Tier 3A 将飞行距离作为影响因素构建污染物排放测算模型。Tier 3B 是基于空气动力学性能模型来测算航空器完整航迹中的油耗和污染物排放。

总体来说，EEA/EMEP 排放测算模型提供了从燃料角度开展航空排放对环境影响的研究。Beyers 等人对酯交换法、费托法和加氢处理生产替代燃料的工艺技术进行了回顾，并评估了使用替代燃料节能减排的潜力[92]；Park 等人[93] 比较了不同距离航线的油耗情况，结果表明，在现有机队组成、航空工业技术和座椅配置下，1 500~2 000 NM① 航程的燃油效率最低。

④ MEET 方法。1999 年，Hickman 等人[94] 提出了 MEET 方法，涵盖了公路运输、铁路运输、水运和航空运输的污染物排放测算模型。针对航空运输，MEET 方法根据航空器不同运行状态（滑出、起飞、爬升、巡航、下降、着陆和滑入）的持续时间和对应的排放因子来测算一个区域内（空间分辨率>10 km）航空器运行的污染物排放。同时，MEET 方法根据不同机型规划了典型飞行剖面，以航空器的巡航高度和飞行距离作为基本参数可以估算飞行油耗。

MEET 方法在分析航空器运行和排放相关特征时，依照运行规则将航空运输划分为 3 类，分别是仪表飞行规则（instrument flight rules，IFR）航空器、目视飞行规则（visual flight rules，VFR）航空器和军事活动航空器，对应的常用发动机类型、运行模式及排放物影响的主要空间位置均存在差异。其中，60%~80% 的排放来自 IFR 航空器，必须给予其高度重视，而根据 VFR 执行的航空器通常不存在飞行计划，也没有关于飞行路线的详细信息。目前，依照 VFR 飞行的航空器造成的油耗和排放大约为空中交通运输总体的 5%。此外，受限于可用信息，军用飞行的排放和油耗很难被测算。

⑤ SOURDINE-Ⅱ方法。2001 年，欧盟启动了 SOURDINE-Ⅱ[95] 计划，旨在通过重新规划进离场程序，减小航空器在机场周边的噪声和污染物排放。针对排放测算方面，SOURDINE-Ⅱ 计划提出了 TBEC（thrust-based emission calculator，

---

① 海里（nautieal mile）的国家法定单位符号为"n mile"，航空领域常用其名称的英文缩写"NM"表示。

基于推力的排放计算）方法，假定航空器的排放指数与推力是线性相关，基于EEDB 的排放指数和燃油流率计算排放量，对减噪程序的排放进行评估。然而，受限于排放指数与推力线性相关的假设，以及忽略了排放指数随高度变化的影响，该方法与实际情况差别较大，在使用时还需结合其他方法以提高测算精度。

⑥ ALAQS 方法。2003 年，为准确测算欧洲机场的航空排放、模拟预测污染物的扩散分布情况，欧洲航行安全组织（EUROCONTROL）启动机场空气质量研究项目 ALAQS[96]，并于 2004 年发布了排放测算和污染物扩散模拟集成工具ALAQS-AV。该工具整合了 EEDB、BAA、FOI、COPERT 等多种排放数据库，除航空器排放外，还提供针对地面保障设备、机场车辆、其他污染源（如锅炉房、除冰、消防训练演习等）的污染物排放测算。同时，ALAQS-AV 内部集成了Gaussian 模型、Lagrangian 模型等大气污染物扩散模型，基于其内置的地理信息系统及可与 LASPORT、AERMOD 进行交互的能力，目前已被广泛应用于制作机场排放清单、机场污染物扩散模拟研究及可视化中[97]。在测算航空器尾气排放时，ALAQS 方法与 ICAO 高级方法相似，即规定了航空器各运行阶段的推力设定，根据不同飞行阶段的运行时间、燃油流率和排放系数来测算污染物排放。研究表明，ALAQS 构建的机场排放清单精确度较高。

综上，关于航空污染物排放测算研究已覆盖机场及周边空域和高空巡航阶段，不同方法的测算精度、计算边界、所需数据也不尽相同。不同的方法均有其优势和局限性，需根据实际情况选择合适的方法。比较而言，ICAO 方法体系的准确度、实用性和标准化程度都很好，所以在应用研究中，基于该方法体系对航空器污染物排放的分析、管理和控制已经得到了广泛应用。EPA 方法修正了不同混合高度下航空器进近和爬升的时间，有助于阐明航空器排放与气象要素之间的关联关系。EEA/EMEP 方法与航班类型、燃料种类密切相关，是航空器燃料选择与环境成本分析等方面研究的方法支撑。MEET 方法扩大了污染物测算空间范围，同时能够评估飞行距离变化对于飞机排放的影响。SOURDINE-Ⅱ 方法与ICAO 方法十分相似，没有考虑到温度和压力变化引起的排放指数随高度的变化。ALAQS 方法侧重于测算机场的航空污染源（航空器、设备、车辆等）排放及扩散情况。

3. 环境承载能力评估

环境承载能力，是反映生态环境与经济社会协调发展的综合指标，也是衡量人类活动对环境影响的评价指标[98]。早在 1798 年，Malthus 就提出了环境承载力的概念，其内涵是在环境质量标准下自然环境对污染物的最大负荷能力[100]。随着经济社会的进一步发展，交通运输领域逐渐受到资源和环境的制约，因此环境承载力也延伸到了交通运输领域。航空运输是交通运输的重要组成部分，随着全球气候环境变化和空中交通运输量持续高速增长，"绿色航空"已成为全球航空业有效控制行业发展负外部性、缓解与环境持续恶化之间矛盾的一种新发展模式。构建科学的空中交通环境承载力评价指标体系和评价方法是民航业发展新的研究领域，已成为各国学者研究的热点。

从评估对象来看，目前航空领域环境承载能力评估主要集中在机场及周边区域。机场是航空运输的枢纽，是一个综合了经济、社会、环境等因素的复杂系统，机场环境承载力是衡量航空业环境承载力水平和状态的重要部分，已引起了各国学者的关注[100]。自 2003 年，Upham 等人[101]首次将环境承载力的概念与机场结合并分析了影响机场运行的环境要素，之后国内外学者逐步开始研究空域资源[102-103]、环境污染[104-105]以及人为因素[108]对机场容量的限制，研究区域经济水平及社会支持与机场规模的关联度[108-109]，以期探索经济、社会、环境、机场运行和机场发展之间的相互关系，并提出了"机场环境承载力"的概念，即在机场正常运营和生态环境约束前提下，机场环境系统能够承载的由于航空器运行产生的污染物最大排放量[110]。

从评估指标来看，大气污染和噪声污染是机场环境限制的主要因素[111]。针对机场大气污染，研究学者主要通过评估环境要素对机场周围环境和人群的影响，提出机场排放清单并研究分析污染物扩散模式。目前，已有国内学者对首都北京[112]、广州白云[113]、上海浦东[114]、成都双流[115]等国内主要机场以及京津冀[116]、长三角[117]、粤港澳[118]机场群进行了排放清单研究，并分析了排放物对机场附近空气质量的影响。同时，Lagrangian 模型、Gaussian 模型等大气污染物扩散模型被广泛用来模拟预测污染物的扩散分布情况，推断各种条件下污染物浓度的分布及其随时间变化趋势，分析机场大气污染对周围居民的健康损害情况[119-121]。针对机场噪声污染，已有研究表明，机场噪声对周围居民的神经系统[122]、听力系统[123]及心血管系统[124]均存在不同程度的影响，因此大量研究学者致力于噪声的评估和控制研究。根据航空器数量不同，研究学者将机场噪声评价划分为单事件噪声评价指标和累积事件噪声评价指标[125]，并基于飞机 NPD（noise-power-distance）数据库开发了 INM（integrated noise model，综合噪声模型）评估机场不同区域的噪声等级[126]。徐涛等人[127]将集成的机器学习方法引入到机场噪声预测中，表明该方法在机场噪声预测中较之单一机器学习模型准确性和鲁棒性更高。为了控制机场噪声污染，ICAO 于 2004 年发布了 Doc. 9829，提出了 4 种控制机场噪声的措施，包括：声源控制、机场土地使用规划与管理、减噪程序及机场运行限制。

从评估方法来看，学者们通常根据环境承载力的类型，确定影响环境承载力的指标并建立指标体系，确定各指标的权重，最后通过各类评价方法完成评估。

目前，面向航空领域的环境承载力评估模型及环境容量计算方法，主要包括：系统动力学模型法[128]、生态足迹模型法[130]、理想解的排序方法（technique for order preference by similarity to ideal solution，TOPSIS）模型法[130]及综合评价法[131]。系统动力学模型能够分析各种复杂系统动力学模型和功能之间的内在关系，并可以定量分析各种系统特性，适用于对系统动态趋势进行客观、长期的研究。Shepherd[132]梳理了系统动力学模型在交通运输领域经济、社会、环境影响评价和预测中发挥的作用。生态足迹模型是比较人类发展对生态资源的需求与生态资源所能承载的供给能力之间供需关系的测量方法，是评价人类活动对自然系统的影响的有效工具，可以为更有效、合理地配置资源提供指导。Kusnoputranto等人[133]通过因子分析建立机场生态足迹模型，为机场和航空公司节能减排、减少资源浪费提供指导。TOPSIS模型具有横/纵向多维对比分析、模型方法简单等优势，熵权法则根据指标变异性的大小确定客观权重，Zhang等人[134]将这两个方法结合，根据机场的功能定位对航线网络进行调整和优化，为国内航线的评价与选择提供了一种有效的方法。近年来，研究学者发现人类活动造成的环境干扰表明了环境系统在稳定性、完整性和抵御外部干扰的能力方面的脆弱性和可变性[135]，导致环境系统发生质的变化或突变。这些发现促进了突变序列模型[136]在环境承载力研究中的应用，在一定程度上反映了环境承载力的非连续性和潜在突变特征。综合评价法的基本思想是构建不同层次的评价指标，通过加权求和将多个指标转化为一个能够反映评价对象综合情况的指标进行评价。目前，常用的综合评价法有层次分析法[137]、压力-状态-响应（pressure-state-response，PSR）模型法[138]、向量模型法[139]、模糊综合评价法[140]、主成分分析法[141]等。鉴于PSR模型能够通过描述人类对环境造成的压力、特定时间段内的环境状态和变化情况，以及人类如何减轻各种活动的负外部效应，很好地体现人类与环境之间循环往复的相互作用关系，因而引发了学者们的关注。研究学者将PSR的理念进行拓展，分别构建了驱动力-状态-响应（drive-state-response，DSR）模型[142]、驱动力-压力-状态-影响-响应（drive-pressure-state-impact-response，DPSIR）模型[143]、驱动力-压力-状态-影响-响应-管理（drive-pressure-state-impact-response-management，DPSIRM）模型[144]，旨在全面探究人类活动和环境影响之间的因果链。

1.4.2 绿色空中交通优化方法

1. 环境友好的空域规划与设计

随着航空业的高速发展，我国部分地区空域资源有效供给不足与人民出行需求旺盛之间的矛盾日益凸显，并成为制约航空业发展的瓶颈。同时，通用航空、无人机等多类型航空用户大量进入空域系统，进一步加大了空域矛盾，空域的科学规划和灵活使用已经成为新一代空中航行系统的重要革新领域。随着空中交通负外部性日益加剧，环境友好将成为全球航空运输系统空域规划与设计新的强约束条件，空域规划与设计不仅要解决空域资源管制和科学配置的问题，更要综合安全、高效、环保等多目标的发展期望。目前，考虑环境影响因素的空域规划与设计方法理论，按照飞行阶段特点主要划分为终端区飞行阶段和巡航飞行阶段。

（1）终端区飞行阶段

终端区作为航空运输网络的关键节点，是航空器爬升、下降的管制区域，其内部进离场航线错综复杂，航班汇聚、交叉等运行矛盾突出；其内扇区耦合、拆分管理灵活，运行方式变化对空域结构的影响尤为明显[145]。TBO 背景下，CCO[146] 和 CDO[147] 作为提升终端区进场交通流运行效率和环保效益的关键技术，目前已成为 SESAR、NextGen 和 CAAMS 重点研究和应用推广的新航行技术，但从 CCO/CDO 技术研究与试点应用情况看，繁忙机场的终端区的进离场航线相对固定，无法满足连续爬升和下降的实施需求。因此，Alam 等研究学者[148] 提出了在终端区内划设过渡空域，作为航班盘旋等待的缓冲区，以动态调整匹配最优的连续下降航迹。但该过渡空域的理论研究中并未充分考虑航空器在低高度空域中频繁调整航向、重新建立新的进近带来的运行难度和风险，以及给管制员和飞行员带来的额外工作负荷[149]。此外，从我国在北上广等地机场已开展的 CCO/CDO 技术研究与试点应用效果看，受传统设备设施及管制员管制能力限制，目前大多试点机场仅在非繁忙时段使用，很难在高密度和复杂环境下实现全天候、常态化的连续爬升或下降运行[150]。

2010 年，EUROCONTROL 提出点融合（point merge，PM）的飞行设计程序，并在挪威奥斯陆机场首次应用。PM 程序呈扇形，是利用 RNAV 导航规范对进场航空器运行航迹进行优化并实施排序。研究和应用实践表明，PM 程序可以提高航空器运行轨迹的可预测性，有效改善传统雷达引导方式下的频道占用，从而辅助管制员精确直观地掌握航班间隔、减少管制语音通话次数、实施科学高效的进港排序，提升终端区进场航班运行效率[151-153]。Errico 等人[154] 的研究揭示了基于PM 程序的 CDO 相较于固定进场航线在节能减排和运行效率提升方面效果更为突出。但是基于 PM 程序的进场航班排序容量受限于扇形的半径、弧长及航班之间的间隔，当大流量导致扇内空域趋于饱和时，航空器将被引导至扇外，对终端区内航班整体运行安全和运行效率存在较大影响[155]。鉴于此，杨磊等人[156] 基于TBO 研究提出倒皇冠形进场空域（the inverted crown-shaped arrival airspace，ICSAA），以改善 PM 程序在大流量情况下压力外溢传导的弊端。

（2）巡航飞行阶段

航空器在高空飞行即巡航飞行阶段具有飞行时间长、对环境影响范围广的特点，同时也是油耗的主要阶段。面向未来空中航行系统的空域运行理念，欧洲SESAR 提出自由航路空域（free route airspace，FRA），即航空公司可以自由地规划定义的进入点和定义的出口点之间的路线，而不参考固定的空中交通服务（ATS）航路[157]。研究表明，FRA 内航空器运行具有较高的灵活性和可预测性，根据风向和飞行距离选择飞行路径，有助于减少飞行成本、飞行距离和环境影响，显著提高飞行效率[158-159]。Aneeka 等人[160]的研究表明，FRA 的实施能有效减少 NO_2 和 CO_2 的排放。然而，在高密度交通场景下的 FRA 运行中，航空器冲突的不确定性会引发管制员工作负荷增加，并提高空中交通复杂度，显著影响飞行安全[161]。

面向结构性空域的空域规划与设计中，管型航路是一种由多股平行、近距航道构成的"管道型"动态航路，其占用空域较少，可容纳高密度交通流，具有动态灵活适用特性[162]。研究表明，单条和网络化管型航路均可有效降低管制员工作负荷，提升空域利用率，降低航班流复杂度，提升空中交通的安全性和运行效率[163-165]。然而，空中交通管理是一个复杂多元的系统，受基础设施设备、运行管理模式、管理体制机制等诸多因素影响，目前 ATM 系统很难发挥出管型航路灵活适用的效能。

2. 绿色四维航迹的规划与控制

四维航迹优化是在满足空域限制、空中交通管理、航空器性能等约束的基础上，为达到安全、效率、绿色等单/多维偏好性能目标而规划航空器连续或离散四维（三维空间+时间）轨迹的过程。目前，国内外学者以提高燃油效率为目标的航迹优化，按飞行阶段主要分为场面运行、终端机动区和巡航飞行等阶段的航迹优化研究。

（1）场面运行阶段

为了提高运行效率，传统的场面运行方式一般需要对离场航班进行较长的排队，航班准备好后会尽快撤轮挡并到达跑道口排序，这会产生大量无效的油耗和尾气排放[166]。基于轨迹的场面运行（surface trajectory based operation，STBO)[167]以滑行路由规划为基础，重点探究航空器运行模式，旨在减少场面冲突，避免航空器滑行过程中的"停-走"现象，使场面运行更安全、高效和环保。

滑行路由规划方面，Smeltink 等人首次建立混合整数规划模型，求解固定滑行路径下航空器滑行路由调度问题[168]。Rathinam 在 Smeltink 等人研究的基础上，将航空器机型和滑行安全约束引入混合整数规划模型中，显著减少了决策变量数目，提高了该模型的实用性[169]。随着研究和试点的不断深入，研究学者从不同角度完善滑行路由规划考虑因素的全面性，包括从固定路由拓展至自由路由[170]，从单一目标拓展到多目标优化[171]，考虑进、离港对场面运行的影响[172]，考虑滑行路径与停机位协同规划问题[173]，融入航空公司偏好等公平性因子[174]，以及考虑实际滑行过程中的不确定性[175]等。其中，自由路由规划问题属于典型的NP 难问题[176]，随着自由路由规划研究的兴起，学者们也开始探究路径搜索算法在路由规划中的应用，包括启发式算法[177]、A^* 算法[178]、Petri 网[179]等，旨在为航空器快速规划无冲突滑行路由。

场面滑行模式控制研究方面，2001 年，Carr 首次基于机场历史观测数据提出机位等待概念，当场面出现拥堵状态时，超出容量标准的航班将在停机位等待，直至恢复正常状态，再放行等待航班[180]，旨在通过控制航空器撤轮档时间减少场面运行拥堵。受该研究启发，航空器场面滑行模式研究为 STBO 提供了新的视角。一方面，研究学者对不同滑行模式下航空器的油耗和排放评估进行研究。Nikoleris 等人根据 ICAO 公布的排放参数，针对四种典型滑行状态建立油耗和排放评估模型[181]；考虑到 ICAO 公布的参数并不适用于特定的机场，Xu 等人使用飞机通信寻址和报告系统（aircraft communication addressing and reporting system，ACARS）数据，对上海浦东国际机场滑行过程中的排放参数进行修正[182]；另一方面，研究学者将滑行模式控制问题的关注点放在航空器本身，旨在通过控制离场撤轮档时间[183-184]，滑行路径和滑行速度[185-186]，以及改善滑行方式（如单发滑行、牵引滑行和电滑行等)[187-188]等各类运行控制策略，在减少航空器油耗和废气排放的同时提高场面运行效率，并满足计划离场时隙约束。

（2）终端机动区飞行阶段

在爬升和下降过程中，特别是在高密度终端机动区场景下，研究更多聚焦于如何充分利用跑道容量的同时，最大限度地减少噪声影响、总油耗、排放及延误等多目标[189-191]。2011 年，Hebly 等人[192]在首次在终端区航班着陆优化调度模型中引入噪声约束。2019 年，Rodríguez-Díaz 等人[193]建立了 CPS（constrained position shifting）约束下的多目标优化模型，将噪声影响、燃料消耗和延误最小化。与此同时，研究学者聚焦于探究飞行高度、速度及推力等变量与飞行油耗和废气排放的关联关系。2012 年，Turgut 等人[194]证明在下降过程中，对于给定的载荷和马赫数，存在燃油流率最小的飞行高度。2017 年，Yu 等人[195]对不同推力功率设置下发动机 PM 排放情况进行了评估。2019 年，Zhu 等人[196]采用改进的 k-means 聚类算法，验证了飞机在下降过程中，油耗与飞行高度、航空器重量和真空速等参数之间存在确定关系，并生成最优下降轨迹。近几年来，终端区内部进、离港程序较为刚性化问题越发引起关注，研究学者提出了 CCO[147]、

CDO[197]、PM[198]等运行概念和程序，以期适应面向精密空中交通运行、航迹运行和未来"自由飞行"概念，增强用户偏好航迹的灵活性和可控性。其中，CDO作为终端区轨迹优化的关键核心之一，研究表明航空器高度剖面[199]、速度剖面[199]、下滑角[200]等运行轨迹参数，以及气象[201]、航班时刻[202]、空域容量[203]等因素都对航空器连续下降运行的环境效能具有显著影响。各国学者和业界也开始探索研究多机模式的 CDO 航迹优化[204-205]，以及基于时间和性能的运行管理[206]、基于航空器间隔管理[207]、设置融合点[208]、设置 RTA[209-210]等不同条件下 CDO 航迹优化与实施研究。还有学者引入雷暴[211]、阵风[212]等不确定影响因素，研究探索 CDO 航迹的动态优化策略[213]。

（3）巡航飞行阶段

1969 年，Bryson 等人[214]首次运用能量状态法为航空器规划最优轨迹。其基本原理是利用飞行时势能和动能之间相互转换表示航空器性能，目前被广泛应用于不同阶段飞行轨迹优化中[215-216]。然而，能量状态法模型较为简单，不特别考虑实际运行空中交通管制约束，难以适应精密空中交通运行、基于航迹运行理念。进入 21 世纪以来，国内外学者将飞行轨迹优化问题转化为最优控制问题并进行了广泛研究[217-218]，研究学者采用动态规划[219-220]、伪谱法[221-222]、配点法[233-234]等准确性算法为航空器规划最优飞行轨迹，旨在全面考虑高空风、容流平衡等空中交通管理运行现实约束对飞行的影响，减少油耗及飞行时间。此外，地形、障碍物及受限空域避让也是轨迹规划问题的研究重点，学者们结合 A* 算法[225]、Dijkstra 算法[226]、禁忌搜索算法[227]实现四维航迹规划。航迹规划问题是典型的 NP 难问题，随航班数量的增长，规划困难度和复杂度呈几何级数增加，因此研究学者开始聚焦于采用启发式算法求解近似最优解，主要包括遗传算法[228]、模拟退火算法[229]、粒子群算法[230]及差分进化算法[231]。随着求解效率的提升，学者们从不同角度完善巡航飞行阶段航迹规划问题考虑因素的全面性，包括从单一航空器拓展至编队飞行[232]，从微观减少航空发动机排放到考虑温室效应、高空凝结尾宏观环境影响[233-234]，考虑飞行水平轨迹和垂直剖面的协同优化[235-237]等。近年来，面向基于航迹运行发展趋势，部分学者聚焦于预测和评估 TBO 下航空器燃油效率提高潜力，目前该领域研究成果相对较少。2011 年，Lovegren 探究了不同机型、不同航程的航班通过优化巡航过程中飞行高度和速度减少油耗的上界[238]。2021 年，Liu 等人研究面向战略阶段的航迹优化问题，综合考虑航空器动力学性能限制、可用航路限制、扇区容量约束、空中交通管制对于航空器运行高度和速度的限制等，建立了由松到紧异质约束下的"跑道-跑道"航迹多目标规划模型，探讨了理想和现实不同运行环境，固定航路和可变航路等不同空域刚性度下，油耗和飞行时间 Pareto（帕累托）改善潜力[239]。

1.4.3　研究现状总结

从当前研究情况可以看出，无论空中交通环境影响评估还是空中交通运行优化方面，已具备了广泛研究基础，且研究的思路可大致归纳为由总体规律描述向局部细节深入，并以围绕航空器飞行性能、尾气排放及油耗、空中交通运行态势和空中交通管理优化之间的相互作用关系展开。绿色空中交通评估方面主要是通过采用数学建模、实证分析、人工智能等研究方法较为全面地评估了空中交通对环境的影响，建立了空中交通环境承载力评估模型，揭示了人类社会经济发展与环境影响之间的因果链。绿色空中交通优化方面主要通过起飞、着陆和巡航等不同飞行阶段的四维航迹优化技术，从战略和预战术层面提出了绿色空中交通运行优化规划方法，从战术层面提出了运行控制策略，对降低空中交通环境影响、管制员工作负荷，提升空中交通运行安全、效率、可预测性等方面具有理论与实践意义。但总结来看，当前研究在以下几方面相对薄弱。

1. 在空中交通绿色性能指标体系和测度方法研究方面

一是当前针对油耗等关键指标测算存在理论研究与实践应用脱节的问题，大多学术研究单纯追求模型的精准度，输入参数越来越多、模型越来越复杂、所需数据规模越来越大，大量基础数据依赖于航空器 QAR，在现实中很难广泛获取，不具备指导政策制定和碳交易测算等应用，而 BADA 数据库虽然方便但精准度较低，亟须探索兼顾模型精度和可应用推广的方法研究。

二是燃油测算建模参数选取前普遍未经过量化评估分析，未充分论证所选参数的影响程度，缺乏从众多影响因素中科学遴选关键参数的判定依据。也鲜有根据影响程度，在确保测算精度的前提下尽可能简化模型参数的研究，以提高测度方法的便捷性和广泛应用价值。

三是目前针对绿色空中交通指标的研究主要集中在五类主要污染物排放和噪声影响，对于生态气候的影响指标考虑较少，如全球总升温。而且当前研究普遍将"绿色"的理解局限在狭义的生态环境领域，缺少从跨领域角度，兼顾经济性与环保性的广义可持续发展的理解，如系统、全面体现空管运行效率、航司燃油效益和生态影响的空中交通运行绿色性能指标体系和综合测度评估方法研究。

2. 在基于我国空中交通运行环境的绿色效能评估方面

当前关于空中交通运行的环境影响研究采用的方法大多基于仿真模型，实际运行数据的分析挖掘使用较少，缺乏结合我国空域结构、运行管理特点、流量管理机制、扇区容量限制、可行路径规划策略等复杂情况的绿色效能实证评估，以及基于实证评估结果的环境影响规律特点分析与策略方法研究，特别是从全国、城市对和进近（终端）等多维度的空中交通环境效能实证评估，以及关联空域流量影响因素的实证评估。欧美等航空制造强国虽然已初步研究形成了其绿色转型发展的思想理论、技术方法和系统建设等目标和计划，但都是立足其灵活的空域环境、先进的技术优势和良好的经济基础等，并不适用于所有国家，特别是在管理理念、技术水平、基础设施条件、运行环境和机制等方面存在巨大差异的发展中国家，因此亟须基于我国实际运行环境建立适合自身绿色发展的理论方法与政策路径。

3. 在绿色空中交通运行优化方法研究方面

一是目前针对空中交通环境影响与优化的研究侧重"单方面"研究，主要体现针对单一环境目标优化（减少排放、降低噪声等），而未权衡航空运行主体对于运行效率和经济效益的需求；针对微观层面的单架航空器、局部飞行阶段、横向路径或垂直剖面的单一维度等优化，缺少宏观总体运行态势、全飞行过程（gate-to-gate）完整航迹绿色效能评估和优化等研究。

二是目前绿色空中交通航迹优化研究中对于航路航线候选空间和容流平衡关系等现实约束考虑较少，导致理想运行环境下的研究成果应用价值受限。

三是关于四维航迹优化对于油耗、排放和飞行效率的权衡改善潜力探讨较少，缺少多维异质约束下的航迹优化理论和方法研究，以及各类拥堵场景下的Pareto前沿综合决策方法研究。特别是油耗优化潜力如何随着拥堵的不确定性演变还没有被揭示，尚无法全面支撑ATM系统在转型发展过程中节能减排目标的科学合理制定。

4. 在绿色空中交通评估与优化研究的方法和体系方面

当前绿色空中交通研究大多围绕构建指标体系、各影响因素对航空器尾气排放及油耗的影响、不同交通态势下航空器尾气排放及油耗变化特征、不同空中交通管理策略下航空器尾气排放及油耗特点、绿色空中交通管理辅助决策生成等某一方面展开，丰硕的成果可以看成是空中交通绿色评估与优化的多种影响因素、作用原理和结果表征的各种随机或零散排列组合，鲜有涵盖某一特定目标下的完整作用或演变过程的研究，以及成体系性的规律与方法策略的揭示，这就导致研究成果很难直接转化并支撑空中交通额外排放机理、低碳交通控制工程、航空生态经济学等领域的理论建设，也极大地限制了相关理论和方法在实际运行中的应用和推广。

1.5 研究思路和内容

本书按照"明确理念—构建指标—指标测算—实证评估—建模优化"的总

体研究思路，提出了绿色空中交通的基本理念、构建了绿色性能指标体系、建立了关键指标和综合评估模型、提出了多维度航迹优化方法，形成了一套基于四维航迹的绿色空中交通评估与优化方法体系。

1.5.1 研究方法和内容

本书首先在绿色空中交通平衡理念指导下，选取建立反映空中交通绿色和经济平衡特征的典型指标，并建立基于航迹的指标测度模型，其次从全国、城市对和进近（终端）三个维度评估空中交通对环境影响的基本态势及绿色优化潜力，最后分别从爬升阶段和全航程提出四维航迹优化理论和方法，以探究绿色、效率、经济平衡发展模式与方法。根据研究内容，本书分为 5 章，章节框架如图 1-6 所示。

各章内容安排如下。

第 1 章概论，是绿色空中交通评估与优化方法研究的目的和基础。本章首先阐述了推进航空业绿色发展的重要性和紧迫性研究背景，明确了空中交通优化是推进航空业绿色转型可持续发展的核心领域和主要发力点；其次，分别从绿色空中交通评估与优化方法研究的理论价值，以及促进民航业绿色转型和市场化减排等应用实践价值角度，分析了绿色空中交通评估与优化方法研究的必要性和实效性；再次，分别从空中交通环境影响评估方法和绿色空中交通运行优化方法研究两方面，梳理总结了国内外专家学者在绿色空中交通相关领域基本理论与技术方法等研究成果和局限性，表明了本研究具备的可行性、创新性和重要性；最后，基于研究思路和方法，阐述了本书的主要创新工作和具体章节安排。

第 2 章绿色空中交通评价指标与测度方法研究，是实证评估的理论和方法。本章首先提出了绿色空中交通的基本概念和平衡发展理念定义；其次，基于绿色空中交通运行特征和研究重点，提出绿色空中交通特征指标的选取原则，建立了能够综合体现空中交通活动绿色与经济均衡发展，涵盖环境、效益和效率 3 个领域、11 个具体指标的指标体系；再次，研究提出了航迹数据处理方法、油耗测算模型、排放指标测算模型等指标测度理论与方法；最后，通过多指标关联关系，构建基于 TOPSIS 综合评价方法的绿色空中交通评估模型，为绿色空中交通实证评估和优化方法研究提供理论方法支撑。

第 3 章基于航迹的空中交通环境效能实证评估研究，是绿色航迹优化的基础和依据。本章首先分别对全国、城市对和进近（终端）三个维度的绿色空中交通指标（油耗量、单位时间和里程油耗、各类排放物排放量等）进行测算评估；然后，分别对起降和航路飞行不同阶段的差异性、城市对油耗排放的稳定性、燃油效率对于飞行里程（时间）的敏感性、油耗对空域拥挤流量的相关性等进

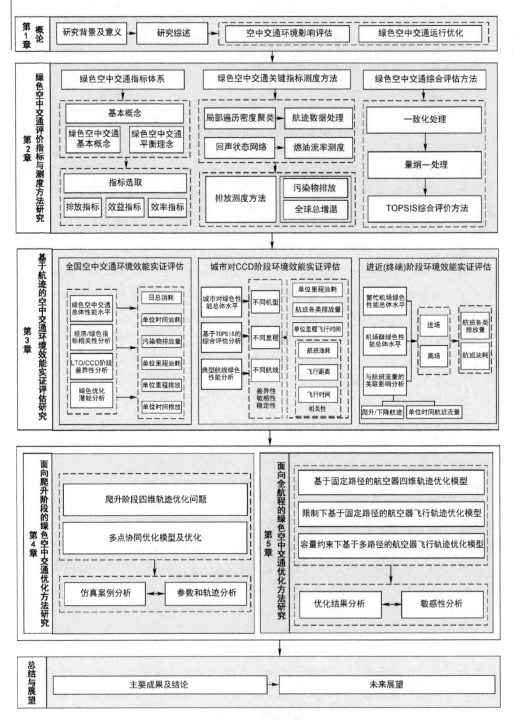

图 1-6 章节结构

行综合分析。最后，评估分析我国空中交通管理绿色发展程度和绿色航迹优化潜力，为明确绿色优化方向和优化方法提供基础和依据。

第 4 章面向爬升阶段的绿色空中交通优化方法研究，是解决局部绿色运行优化的理论方法支撑。本章首先建立航空器爬升过程的水平和垂直爬升模型；然后，引入空域运行限制要求，设置航空器爬升阶段航路点所需到达时间约束，权衡油耗和全球总增温最少，建立考虑油耗、尾气排放对气温的影响以及飞行过程便捷性的多目标爬升轨迹优化模型与智能算法。最后，通过仿真分析，揭示了飞行速度对于油耗和升温趋势的非一致性影响，为降低爬升过程对环境的影响，提升局部绿色空中交通性能提供方法支撑。

第 5 章面向全航程的绿色空中交通优化方法研究，是推进民航运输业绿色转变的理论方法支撑。本章首先分析航空器动力学性能限制、可用航路限制、扇区容量约束、空中交通管制对航空器飞行高度和速度限制等约束条件，提出了一种由松到紧异质约束下的"跑道-跑道"四维航迹多目标规划模型；然后以上海—北京城市对航线为例，研究分析理想和现实不同运行环境，固定航路和可变航路等不同空域刚性度下，飞行时间影响下的油耗 Pareto 改善潜力上界；最后通过设计拥堵扇区和拥堵严重程度两个独立变量，探究拥堵位置和不确定性水平对燃油效率的影响，为提升航空器燃油利用率，实现空中交通绿色发展，提供科学有效的四维航迹优化理论和方法。

1.5.2　研究创新点

本书主要创新点如图 1-7 所示。

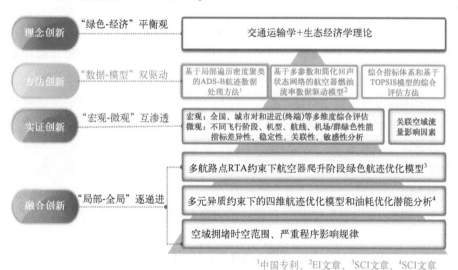

[1]中国专利、[2]EI文章、[3]SCI文章、[4]SCI文章

图 1-7　主要创新点

（1）提出了"绿色-经济"平衡观的空中交通环境效能综合评估与优化方法体系

结合交通运输学和生态经济学理论基础，在阐述航空业发展的正外部性与负外部性的基础上，提出了绿色空中交通的基本概念、平衡理念和特征指标选取原则，建立了综合体现空中交通绿色与经济平衡发展，涵盖环境效能（各类污染物排放量等）、运行效率（飞行时间等）、经济效益（油耗量等）的指标体系，并将平衡发展理论贯穿评估与优化全过程，开展了对我国空中交通环境效能的综合评估，提出了促进航空业绿色与经济平衡发展的多目标航迹优化方法，系统性地建立了权衡经济发展与绿色环保的空中交通的评估和优化理论方法。

（2）建立了"数据-模型"双驱动的绿色空中交通关键指标测度与综合评价方法

为解决指标数据可获得性与模型可验证性难题，提出了以航迹数据为基础，以燃油流率预测为突破点，关联了排放及其气候影响等量化指标的绿色空中交通关键性能基础指标测算方法；建立了基于局部遍历密度聚类的ADS-B航迹数据处理方法；有效提取了影响油耗的复杂高维敏感参数，创新提出了基于多参数和简化回声状态网络的航空器燃油流率数据驱动模型；考虑油耗、排放和飞行效率之间的非线性互作用关系，建立了基于TOPSIS的绿色空中交通综合评估模型，为具体分类测度和综合量化评价空中交通绿色效能提供方法与模型。

（3）开展了"宏观-微观"互渗透的我国空中交通绿色效能实证分析和综合评估

采用绿色空中交通测度方法和评估模型，以全国典型日航班运行为对象，融合航班计划信息、ADS-B飞行轨迹数据和天气数据等，从全国、城市对和终端（进近）等多角度，在宏观层面开展油耗和排放量、燃油效率等绿色性能的时空分布波动性特征分析和综合性评估；在微观层面解构起飞、降落和航路等不同飞行阶段航空器个体绿色性能差异性特征；采用显著性分析、相关性分析、敏感性分析等方法，以交通流和飞行轨迹为桥梁，建立宏、微观特征之间跨维度的相似性和关联性，系统性地阐明了我国空中交通绿色水平、潜力空间和优化方向。

（4）提出了"局部-全局"逐递进的复杂多元受限环境下绿色四维航迹优化方法

结合我国空中交通绿色水平和优化方向，以局部爬升过程为对象，建立考虑油耗、尾气排放对气温的影响及飞行过程便捷性的多目标爬升轨迹优化模型与智能算法，揭示了航路点所需到达时间约束窗口对航空器爬升性能的影响机理；在此基础上，面向"跑道–跑道"空中飞行全过程，提出了扇区容量和飞行路径不同约束组合下的多目标航迹优化模型，实现油耗与飞行时间权衡下的航空器飞行路径和飞行剖面协同优化，揭示了空域拥堵时空范围和严重性对航迹优化性能的影响规律，探明了异质约束下城市对飞行燃油效率优化上界及其弹性空间，提出了协调提升航空器燃油利用率和运行效率的改善举措和潜力，为绿色空中交通运行优化提供基础方法支撑。

第 2 章　绿色空中交通评价理论与方法

　　航空运输对生态环境产生的负外部性（经济活动主体对其他人产生了负面影响，而未通过货币或市场交易进行补偿）是难以通过航空运行主体自发解决的，需要政府或监管部门从发展理念、排放计量、评价考核、减排改进、生态补偿、市场机制、政策构建等多方面进行宏观引导和科学管理，而相关理论和方法的研究是制定绿色发展目标、政策和实施路径的基础和依据。绿色空中交通发展研究的关键问题是正确处理经济发展与生态环境保护之间的关系。本章基于交通运输学、生态学和经济学的交叉、渗透和互相结合，首先提出了绿色空中交通运行的概念和平衡发展理念，然后建立了体现空中交通绿色发展、运行效率、经济效益的综合指标体系，并提出了具体指标测度模型方法和综合评价方法。"绿色-经济"的平衡理念也是贯穿绿色空中交通评估和优化方法研究全过程的基础。

2.1　基本概念

1. 绿色空中交通运行的概念

　　广义上的绿色空中交通运行兼顾自然生态系统规律和社会经济发展规律，在基本满足民航发展需求的基础上，以实现空中交通活动与生态环境长期协调动态平衡为目的，具备安全、有序、高效、经济、环保等空中交通运行基本特征，可以支撑航空业可持续发展的空中交通运行模式；狭义上的绿色空中交通运行综合考虑了航空器排放、运行效率、经济效益等因素，以交通运输学、生态经济学为理论基础，分析探究自然生态系统与空中交通活动之间的相互影响关系，通过平衡民航发展的社会效益（旅客出行时效需求等）、经济效益（航空公司运营发展需求等）和环境效益（生态环境可持续发展需求等），构建了在环境承载力内兼顾运行效率与经济效益的空中交通运行模式。

2. 绿色空中交通平衡发展理念

　　由于生态的有限性与经济需求的无限性之间存在客观矛盾，因此寻求生态环境与社会经济的平衡可持续发展问题是生态经济学研究的核心。结合空中交通管理维护空中运行安全、有序、高效的基本职责，绿色空中交通实现平衡发展需要以可持续发展、公平分配和有效资源配置为基础，聚焦生态有限性与经济需求无限性之间的矛盾，通过提取空中交通的绿色与经济要素指标，评估空中交通的绿色发展与效率、效益之间的平衡关系，寻求发展平衡点和实现路径，以支撑民航运输业在安全、高速增长的同时将发展导致的环境影响控制在可接受的范围内。

2.2　指标框架

2.2.1　指标选取原则

（1）生态环保原则

绿色空中交通指标应能表征生态优先、绿色发展。交通运输业是全球第二大排放行业，是贯彻落实国家生态文明思想、实现绿色发展的重点攻坚领域。绿色空中交通应以资源节约、环境友好型的绿色发展理念为重要导向，对传统粗放型、经济效益至上的经营模式做出调整，逐步重视环境保护尤其是碳排放等方面的控制。

（2）经济发展原则

航空业是目前最安全、最高效的交通运输方式，是国民经济中重要的基础性、先导性、战略性产业，对区域经济发展和产业链带动具有重要的作用。绿色空中交通指标应充分考虑航空公司、机场、空管等运行主体的运行效率和经济效益。

（3）协调平衡原则

绿色空中交通指标应能体现生态环保与经济发展之间的协调，反映处理和平衡绿色发展与空中交通效率、效益等之间的关系，呈现以航空器节能减排为核心、兼顾提高空中交通效率的协调发展新模式，为寻找"发展"与"绿色"之间的平衡提供评价依据。

（4）可操作性原则

绿色空中交通指标应是可测度的定量指标，指标测度所需的基础数据（如航迹数据）资源应通过公开统计资料、权威数据库等渠道获取；指标应充分考虑综合评估的需要，确保评估优化的准确有效。

（5）国际通用原则

绿色空中交通指标应具有普适性、公认性，能够符合绿色发展的国际通用规则和度量标准（如全球碳交易机制）；指标应具有可对比性，与国际统计口径一致，能够实现国家、地区之间的横向对比分析。

2.2.2　主要评价指标

依据指标建立原则，按照绿色空中交通的平衡理念，本书选取绿色发展和经济发展两大类指标，包括环境、效益和效率 3 个一级指标和 11 个二级指标，如表 2-1 所示。

表 2-1　绿色空中交通主要评价指标

指标类别	一级指标	二级指标	单　位
绿色发展	环境	二氧化碳（CO_2）排放量	kg
		一氧化碳（CO）排放量	kg
		氮氧化物（NO_x）排放量	kg
		二氧化硫（SO_2）排放量	kg
		碳氢化物（HC）排放量	kg
		全球增温潜势	℃/kg
经济发展	效益	油耗量	kg
		单位时间油耗量	kg/min
		单位里程油耗量	kg/km
	效率	飞行时间	min
		单位里程飞行时间	min/km

1. 环境指标

航空器因燃油燃烧产生的温室气体、污染气体对全球气候及周边环境的影响不容忽视。2005 年，美国因航空器尾气排放污染直接导致机场周边婴儿早产死亡 210 例，联合国政府间气候变化专门委员会（Intergovernmental Panel on Climate Change，IPCC）公布的数据显示，2010 年，全球交通运输业导致的温室气体排放已经占到人类活动总排放的 14%[240]。鉴于航空器尾气排放物的影响程度，目前全球航空运输领域主要关注的尾气排放物为 CO_2、CO、NO_x、HC、SO_2 5 类，因此考虑国际通用性，本书重点围绕此 5 类污染物排放指标，同时考虑到排放对生态气候变化的影响，引入全球总增温指标。

（1）二氧化碳（CO_2）排放量

CO_2 是导致全球气候变暖的主要温室气体之一，CO_2 排放量是与绿色空中交通最直接挂钩的指标，也是目前全球各领域绿色发展的主要测度和关注的指标。CO_2 的排放主要依赖于航空燃油本身的组成、性质，通常可以计算为每单位航空煤油折合 1.471 4 单位标准煤，平均消耗每吨标准煤产生 3.15 t CO_2 排放[241-242]。但油耗量与航空器的飞行模式、空域结构等因素强相关，故 CO_2 的排放优化间接依赖于通过调整航空器运行姿态、航路航线结构、进离场运行轨迹等减少油耗。

（2）一氧化碳（CO）排放量

CO 主要在航空器跑道滑行、滑行道滑行等运行状态下产生，主要是由于航空燃油的不完全燃烧导致的；对于 CO 排放量的控制，更多依赖于航空器滑跑、进近时的运行调整。

（3）氮氧化物（NO_x）排放量

NO_x 是航空器产生的最主要污染气体，也是造成臭氧层破坏的主要原因；对于氮氧化物的控制，一般集中在航空器巡航阶段，通过调整航空器巡航马赫数、巡航高度层的选择，进而减少航空器氮氧化物的排放量。

（4）碳氢化物（HC）排放量

HC 主要在航空器跑道滑行、滑行道滑行等运行状态下产生，主要是由于航空燃油不完全燃烧、航空燃油含有杂质导致的；对于 HC 排放量的控制，更多依赖于航空器滑跑、进近时的运行调整。

（5）二氧化硫（SO_2）排放量

SO_2 是航空器产生的另一种主要污染气体，是导致酸雨的主要原因，主要是由于航空燃油中的硫化物杂质燃烧导致的。航空器航行全过程都会产生一定量的 SO_2，对于 SO_2 的排放优化同样只能依赖于通过调整航空器运行姿态、航路结构等减少油耗，或从根本上提升燃油品质。

（6）全球增温潜势

是衡量某种物质产生温室效应的指数，并以 CO_2 被作为参照气体，该物质在一定时间积分范围内与 CO_2 相比而得到的相对辐射影响值。全球增温潜势即是将物质产生的温室效应均与 CO_2 作对比而得到的等效值。

2. 效益指标

按照"经济-绿色"平衡理念，航空运输系统绿色可持续发展不仅应考虑环保指标，还要在环境承载力内兼顾经济效益指标。鉴于航空燃油成本约占运营成本的 20% 以上，是航空公司主要的经营成本，且与空中交通运行模式直接相关，因此选取油耗相关指标。

（1）油耗量

指航空器在一定飞行里程时所消耗燃油的千克数。油耗指标根据航空器不同运行阶段可分为以下三类。

爬升阶段油耗：这一过程航空器处于离场爬升阶段，一般为航空器全飞行周期油耗最大的阶段，除了航空器本身发动机构造、性能外，爬升阶段油耗还与离场飞行程序设计、空域环境、外界大气环境等因素有关。

巡航阶段油耗：表示在时段内，空域单元内的巡航状态下所有飞机油耗总量，由于机型、巡航高度层、地表气压、温度的不同有所差异。这一过程航空器处于航路巡航阶段，同一航空器巡航阶段油耗一般低于离场爬升阶段所需油耗，除了航空器本身发动机构造、性能外，巡航阶段油耗还与巡航高度、空域环境、外界大气环境等因素有关。

进近阶段油耗：同一航空器进近阶段油耗一般是全飞行周期中最小的，除了航空器本身发动机构造、性能外，爬升阶段油耗还与进近飞行程序设计、空域环境、外界大气环境等因素有关。

（2）单位时间油耗

航空器在运行过程中单位时间的平均油耗，是体现燃油经济性的主要指标之一。一般来说，航空器飞行速度越大，所需推力越大，单位时间油耗越高。然而，航空器飞行速度减小意味着飞行时间的增加，不利于飞行效率的提升。因此，绿色空中交通优化的关键之一在于如何平衡油耗与飞行效率。

（3）单位里程油耗

航空器在运行过程中单位飞行距离的平均油耗，是体现燃油经济性的另一主要指标。由于燃油流率与飞行速度、高度之间具有关联关系，因此单位里程油耗与航空器飞行参数之间的关系更加复杂。其倒数单位油耗飞行距离是美国 FAA 度量航空运输系统燃油效率的指标。

3. 效率指标

交通运输业是以满足旅客安全、高效出行为主要职责的服务行业，空中交通管理作为民航运行中枢，应具备安全、有序、高效、经济、环保等基本特征，同时随着新航行技术的发展与应用，未来空中交通将是基于四维航迹（三维航迹+时间）的管理，因此引入飞行时间相关指标。

（1）飞行时间

是指航空器飞经某一运行空间所花费的时间。该空间可以是任意扇区或者航段，也可以是起落机场跑道至跑道的飞行全航程，是体现航班飞行效率的主要指标。通常来说，同一机型的计划飞行时间相对固定，并且得益于现代民用航空器先进的飞行控制系统，在无干扰情况下，航空器飞行过程执行偏差可达到秒级。然而，由于空中交通运行过程中常发生拥堵和潜在飞行冲突，航空器计划飞行轨迹受扰动较大。因此，如何在飞行过程中尽可能保持计划过点时间，是未来基于航迹运行概念中的重要特征之一。

（2）单位里程飞行时间

是指航空器在某一运行空间内平均飞行 1 km 所花费的时间，是体现航班飞行效率的另一主要指标，该指标值在爬升、下降和巡航阶段有着较大差距。本定义中的里程可以有两种定义：一是机场对之间计划航路里程，在我国结构性空域下航班计划飞行路径相对固定，尽管同一机场对可能存在多条备选航路（如上海虹桥机场与北京首都机场对之间可用航路最大航程差别约 4%），基于计划航路的单位里程飞行时间可以综合体现飞行效率；二是实际飞行里程，由于飞行冲突或临时性空域限制（如恶劣天气或军事活动）所造成的航空器机动、绕飞或直飞，基于飞行轨迹的单位里程飞行时间侧面反映了某一运行空间内的实际平均飞行速度，因此也是影响燃油经济性重要因素之一。

2.3　指标测度方法

2.3.1　总体思路

本节以历史飞行轨迹处理为基础，针对上文筛选的绿色空中交通关键性能指标，重点建立基于航迹数据的燃油流率模型、污染物排放模型和全球总增温模型，为进一步研究权衡多维度指标的绿色空中交通综合评估方法，开展绿色空中交通实证评估与优化提供基础指标的量化测度模型体系。本节总体思路与模型框架如图 2-1 所示。

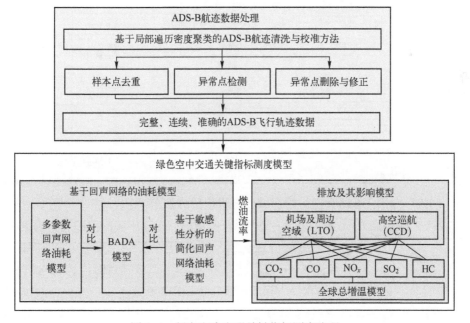

图 2-1　绿色空中交通关键指标测度流程

2.3.2 基于局部遍历密度聚类的航迹数据处理方法

完整、连续、准确的航迹数据是燃油测算模型的基础前提。本书建立一种基于局部遍历密度聚类的 ADS-B 航迹清洗与校准方法，以准确识别离群点，并通过航迹校准对时间戳进行修正，使整个飞行轨迹符合质点运动学规律。

1. 样本提取

建立基于 ADS-B 航迹数据特征字段的数据样本，由 N 个航迹点 P 组成的某一航班轨迹 $Traj = \{P_1, P_2, \cdots, P_i, \cdots, P_N\}$，$P_i$ 表示第 i 个航迹点所述初始字段包括航班唯一识别编码 FID、时间戳 T、经度 Lon、纬度 Lat、压力高度 PA、地速 GS、航迹角 TA 以及垂直速度 VS；扩展字段包括校准时间戳 Tc、校准地速 GSc、校准航迹角 TAc 以及校准垂直速度 VSc，如表 2-2 所示。

表 2-2 特征字段含义说明

符号	全称	描述	单位/格式	类别
FID	Flight Identification	航班唯一识别编码	32 位字符	初始
T	Time Stamp	时间戳	HH：mm：ss	初始
Tc	Computed Time	校准时间戳	HH：mm：ss	扩展
Lon	Longitude	经度（WGS-84 大地坐标系）	deg	初始
Lat	Latitude	纬度（WGS-84 大地坐标系）	deg	初始
PA	Pressure Altitude	压力高度（基准为 1013mb）	m	初始
GS	Ground Speed	地速	km/h	初始
GSc	Computed Ground Speed	校准地速	km/h	扩展
TA	Track Angle	航迹角，即飞机运动方向	deg	初始
TAc	Computed Track Angle	校准航迹角	deg	扩展
VS	Vertical Speed	垂直速度（气压高度）	ft/min	初始
VSc	Computed Vertical Speed	校准垂直速度	ft/min	扩展

所述扩展字段通过所述初始字段计算得出的方法包括：

第 i 个航迹点 P_i 上的 TAc_i、GSc_i 和 VSc_i 由式（2-1）~式（2-3）计算得到：

$$TAc_i = Dir_{GreatCircle}(i, i+1) \tag{2-1}$$

$$GSc_i = Dist_{GreatCircle}(i, i+1)/(T_{i+1}-T_i) \tag{2-2}$$

$$VSc_i = (PA_{i+1}-PA_i)/(T_{i+1}-T_i) \tag{2-3}$$

其中，$Dir_{GreatCircle}(i, i+1)$ 和 $Dist_{GreatCircle}(i, i+1)$ 分别为 P_i 到 P_{i+1} 点的大圆航线航迹角和距离长度，并根据 P_i 到 P_{i+1} 两点的经纬度计算获得。

根据航班 ADS-B 数据的 Lon、Lat、PA 和 VS 等 4 个字段随飞行时间变化的剖面图，可以看出 Lon、Lat 和 PA 有着明显的趋势规律变化。VS 数据对气压值敏感性强，当时间戳 T 值较大（时间跨度较大超过 30 s）时，垂直速度 VS 数值的变化幅度减小，导致几乎无法检测到垂直速度及气压高度的异常。地速 GS 记录的航空器相对地面瞬时速度，校准地速 GSc 则是根据一定时间间隔与飞越的距离计算所得，由于实际中时间戳 T 往往与航空器位置信息更新不同步，导致计算时实际时间间隔比真实过大或过小，使得校准地速 GSc 数值超出合理范围（远小于最小失速或远大于最大巡航速度）之外。TAc 剖面较 TA 剖面更能显示出由时间戳与经纬度位置信息更新不同步产生的异常航向。如图 2-2 所示，根据航空器飞行方向、航迹角 $\text{Dir}_{\text{GreatCircle}}(P_3, P_4)$ 判断，将 P_4 等类似点筛选出来，根据需求作删除、校准等处理。

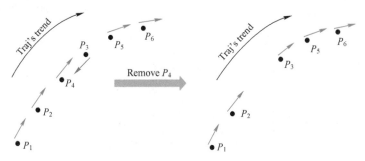

图 2-2　异常航迹点剔除示意图

通过对数据的挖掘和特征提取可以发现：垂直速度的数据难以被准确传输，提取 ADS-B 航迹样本数据中的 Lon、Lat、PA、GS 和 TAc 作为清洗的特征字段。

2. 样本异常检测和处理

基于 $k\text{-means}$ 的样本聚类算法，设定由不同数据样本构成的矢量矩阵 $\boldsymbol{D}=(x_1, x_2, \cdots, x_i, \cdots, x_N)$，其中 x_i 为航空器在航迹点 P_i 处所记录的具体字段数值，Minpts 为核心点邻域内点数量阈值，对于 Minpts 的设置，应当满足关系：Minpts $\leqslant 2\delta$。首先选取 x_i，计算局部数据集 $L=\{x_{i-\delta}, \cdots, x_{i+\delta}\}$ 内各样本数据属性距离函数 $\text{Dist}(x_i, x_k)$，$k=i-\delta, \cdots, i+\delta$；然后设置初始聚类中心个数 k 后，将与聚类中心满足关系 $\underset{k}{\min}\text{Dist}(x_i, x_k)$ 的样本归入同类集合，即将数据样本 x_i 归入与它距离最小的聚类中心；然后选择下一个航迹数据样本 x_{i+1}，重复聚类，直至所有的样本都被归类。

异常的样本点具有与聚类中心距离较大的数值特征，同时也是不符合局部变化规律的点。一个局部范围内的点集合，按照时间顺序其数值总体是逐渐上升或下降的，若此时数据出现漏点情况，则该数据会呈现明显的分段特征；此时通过计算判断，若 Minpts $=3$，则分段处的两个数据点 x_c 和 x_d 会被聚类算法标记为离群点；同时也有极少数的个别点，是突然性地大幅增大或降低，则这些少数的点被标记为异常点。对异常样本集合 Abnormal 中的离群点 x_m 是否为异常点，采用均值滤波的方法进行异常检测。

设置样本 ADS-B 轨迹数据特征字段异常检测的参数配置和 95% 数值置信区间，对 Lon、Lat、PA 和 GS 等字段采用曼哈顿距离函数，对 TAc 字段采用航迹角距离函数，如表 2-3 所示。

表 2-3   各特征字段容许范围与偏差范围

特征字段	容许值范围	Dist	ε	MinPts	Δ
Lon	$[-180, 180]$	曼哈顿距离	0.4	3	5
Lat	$[-90, 90]$		0.2	3	5
PA	$[-100, 15\,000]$		300	3	5
GS	$[90, 1\,350]$		200	3	5
TAc	$[0, 360)$	航迹角距离	160	5	7

$$\text{Dist}_{\text{Manhattan}}(x_i, x_k) = |x_k - x_i|$$
$$\text{Dist}_{\text{Angle}}(x_i, x_k) = \min(|x_k - x_i|, 360 - |x_k - x_i|)$$
将不同的特征字段代入上述两个公式之一，获取对应的计算函数

3. 样本校准修正

依据局部遍历的 DBSCAN 密度聚类方法对数据样本的特征字段进行离群点识别，通过相邻正常点进行插值的方法判断离群点是否为异常点，对异常点进行修正或删除，使得整个轨迹数据符合质点运动学规律，即时间、速度和位置三者匹配。对经过异常过滤的航班 ADS-B 轨迹的数据样本 $\text{TrajF} = \{P_1, P_2, \cdots, P_k, \cdots, P_M\}$，以第一个航迹点 P_1 的时间戳 T_1 作为后续航迹点数据样本的时间校准的参考基准，进一步找到 P_k 的前一个航迹点 P_i，计算 $\text{TAc}_{i,k} = \text{DirGreatCircle}(i, k)$，如果航迹角距离 $\text{DistAngle}(\text{TAc}_i, k, \text{TAc}_i) > \varepsilon\text{TAc}$，可判断航迹点 P_k 的 Lon、Lat 与 T_k 存在冲突，并把 P_k 点从轨迹中删除，后面航迹点依次重新排序。重复前面的过程，直到满足 $\text{DistAngle}(\text{TAc}_i, k, \text{TAc}_i) \leqslant \varepsilon\text{TAc}$，$\varepsilon\text{TAc}$ 表示对 TAc 字段各数据进行聚类过程中的航迹角距离阈值参数，且为最大航迹角距离，其中 $\varepsilon\text{TAc} = 160\text{deg}$。

航空器由 $P_i \rightarrow P_k$ 运动时，当 $\text{GS}_i < \text{GS}_k$ 时，由 GS_i 匀加速至 GS_k，然后保持 GS_k 匀速运动；当 $\text{GS}_i > \text{GS}_k$ 时，保持 GS_i 匀速运动，然后匀减速至 GS_k，其中一般加速度 ACCnor 在加速时取正，减速时取负。根据下式得出做匀变速运动的时长 tacc, nor 和距离 dacc, nor，最后计算出 $P_i \rightarrow P_k$ 的飞行时间 $\text{Dur}(i, k)$，如式 (2-4)~式 (2-6) 所示。

$$t_{\text{acc,nor}} = (\text{GS}_k - \text{GS}_i) / \text{ACC}_{\text{nor}} \qquad (2\text{-}4)$$

$$d_{\text{acc,nor}} = \text{GS}_i \cdot t_{\text{acc,nor}} + 0.5 \cdot \text{ACC}_{\text{nor}} \cdot t_{\text{acc,nor}}^2 \qquad (2\text{-}5)$$

$$\text{Dur}(i,k) = t_{\text{acc,nor}} + [\,\text{Dist}(i,k) - d_{\text{acc,nor}}\,] / \max(\text{GS}_i, \text{GS}_k) \qquad (2\text{-}6)$$

当 Dist$(i, k) < d_{\text{acc,nor}}$ 时，使用极限加速度 ACClim 代替 ACCnor，计算出 $d_{\text{acc,lim}}$，如果依然不能满足 Dist$(i, k) \geqslant d_{\text{acc,nor}}$，则 $P_i \to P_k$ 的距离在极限加速度下也无法满足从 GS$_i$ 匀加速变化到 GS$_k$，此时使用下式计算 Dur(i, k)：

计算出航迹点 P_k 的校准时间戳 Tc$_k$：

$$\text{Dur}(i,k) = 2 \cdot \text{Dist}(i,k) / (\text{GS}_i + \text{GS}_k)$$
$$\text{Tc}_k = \text{Tc}_i + \text{Dur}(i,k) \qquad (2\text{-}7)$$

对航班的 ADS-B 轨迹 TrajF，重复即可得到所有航迹点的校准时间戳，从而完成航班的 ADS-B 轨迹数据清洗与校准。

4. 航迹校准

图 2-3 所示为该 ADS-B 轨迹点特征字段剖面进行清洗前后的对比，经过清洗后（黑色线），Lon、Lat、PA 剖面中的所有异常点均有效识别并处理；GSc 剖面经过清洗后不再是杂乱无章的散点，而是与 GS 字段一样符合航空器飞行状态变化规律；所有特征字段剖面经过清洗之后更加顺滑，更加符合渐变曲线特征；清洗前后的飞行时间 Duration 在进近阶段（着陆前 20 min 左右）有明显的差异，这是由于 GS 的准确度差异造成的，如果 GS 准确度降低则会明显影响校准时间戳的计算结果，因此航迹校准的步骤要根据具体的 ADS-B 数据质量情况可选执行。

2.3.3　基于回声状态网络的燃油流率测度方法

鉴于 BADA 模型燃油测算方法中输入参数复杂、预测精度低等缺点，本书应用回声状态网络（echo state network，ESN）方法，提出了基于航迹的航空器燃油流率预测模型，并基于局部敏感度分析方法，识别影响油耗的关键参数，提出简化回声状态网络模型，对比分析多参数、简化、BADA 模型油耗误差情况，为第 3 章开展绿色空中交通性能评估及第 4、5 章开展绿色航迹优化提供油耗测算方法。

1. 基于回声状态网络的多参数航空器油耗模型

（1）回声状态网络概述

2004 年，Jaeger 针对传统神经网络收敛速度慢、训练效率低及局部最小等问题，通过引入储备池计算模式改进模型结构形态，首次提出了针对时间序列数据预测问题的 ESN。研究表明，针对时序数据预测，ESN 较传统误差反向传播的神经网络精度提高了 2 400 倍。在航空器燃油流率预测问题中，输入的影响油耗的

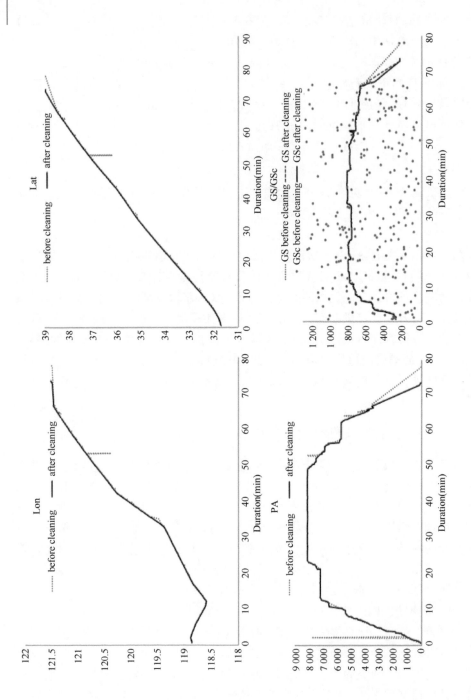

图 2-3　ADS-B 轨迹点特征字段剖面进行清洗前后的对比

关键要素及输出结果均为时间序列数据。鉴于此，本节将航空器油耗预测问题转化为时间序列预测问题，并基于 ESN 预测航空器油耗。

ESN 是一种简单的递归神经网络，仅由输入层（input layer）、状态储备池（reservoir）及输出层（output layer）构成。状态储备池是 ESN 的核心部分，通常是一个随机生成的、稀疏连接的、大规模的递归结构，其核心思想是将低维输入信号映射到高维空间进行训练，同时采用改进的激活函数减少传统误差反向传播神经网络陷入局部极小或鞍点等不良训练状态的发生概率。因此，较之其他神经网络，ESN 对于时间序列预测问题具有更好的稳定性，并能够更好地描述非线性混沌时间序列。ESN 典型结构如图 2-4 所示。

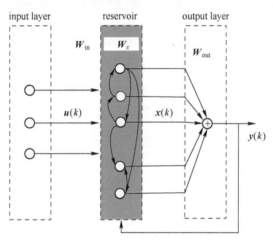

图 2-4　ESN 典型结构

选取 sigmoid 激活函数作为传递函数，回声状态网络输入及输出参数表达式如下：

$$x(k+1) = \text{sig}(\boldsymbol{W}_x\boldsymbol{x}(k)+\boldsymbol{W}_{\text{in}}\boldsymbol{u}(k)+\boldsymbol{b}_x) \tag{2-8}$$

$$y(k) = \boldsymbol{W}_{\text{out}}^{\text{T}}\boldsymbol{x}(k)+\boldsymbol{b} \tag{2-9}$$

其中，k 时刻的输入为 $\boldsymbol{u}(k)$，储备池状态为 $\boldsymbol{x}(k)$，输出为 $\boldsymbol{y}(k)$。

（2）构建航空器油耗 Multi_para ESN 模型

如图 2-5 所示，选取 QAR 数据中机型、重量、马赫数、校正空速、地速、真空速、加速度、高度，以及判定飞行状态（爬升、巡航、下降）等多参数，对 QAR 数据进行降噪预处理，以提高样本数据质量和数据挖掘和建模性能。

① 权重参数初始化：设定 ESN 的储备池规模 N、谱半径 SR 和储备池稀疏连接度 SD 等关键参数，完成输入矩阵 $\boldsymbol{W}_{\text{in}}$ 和内部连接隐含层的稀疏矩阵 $\boldsymbol{W}_x$ 初始化。每一时刻输入 $\boldsymbol{u}(k)$ 储备池都会更新状态，形成系统状态矩阵和样本数据。

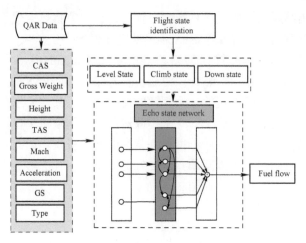

图 2-5　多参数油耗 ESN 模型

② ESN 模型训练：选取训练样本集，将航空器垂直剖面简单划分为爬升、巡航和下降三个阶段，针对每一飞行阶段的特点训练对应的回声状态网络。比较模型输出参数与 QAR 油耗数据的差异，迭代更新内部权重矩阵 $\boldsymbol{W}_x$，使得模型输出结果接近油耗真实值，计算方式如下：

$$\boldsymbol{W}_{x(n)} = \frac{1}{\lambda_{\max}} \boldsymbol{W}_{x(n-1)} \tag{2-10}$$

其中，n 表示训练次数；$\lambda_{\max}$ 为连接权矩阵 $\boldsymbol{W}_x$ 的绝对值最大的特征值。

③ 预测油耗：分别应用训练好的网络对爬升、巡航、下降三个阶段的数据样本进行油耗预测，并分析模型的计算精度以及误差来源。

（3）模型实证评价

本节采用估算误差评价方法，选取平均绝对误差（mean absolute error，MAE）和平均误差（average error，AE）两个评价指标，通过对比 QAR 数据中的真实油耗与模型预测油耗的误差，综合评价模型预测精度和有效性，如式（2-11）及式（2-12）所示。

$$\text{MAE} = \frac{1}{n} \sum_{i=1}^{n} \left| F_{\text{echo}(i)} - F_{\text{rel}(i)} \right| \tag{2-11}$$

$$\text{AE} = \frac{1}{n} \sum_{i=1}^{n} \left(F_{\text{echo}(i)} - F_{\text{rel}(i)} \right) \tag{2-12}$$

其中，F_{echo} 表示油耗预测值；F_{rel} 表示油耗真实值；n 表示研究总轨迹数目。

按照分机型、分状态建模原则，选取 B738 作为测试机型，一天 11 条 QAR 数据作为训练数据，根据飞行模式识别结果提取爬升状态 10 260 个数据点，平飞状态 51 757 个数据点，下降阶段 16 233 个数据点。另选取一天 22 个航班作为测试数据。ESN 参数设定如下：N 为 100，SR 为 0.8，SD 为 $\min(10/N, 1)$。爬升、平飞及下降状态的油耗预测结果如图 2-6 所示。

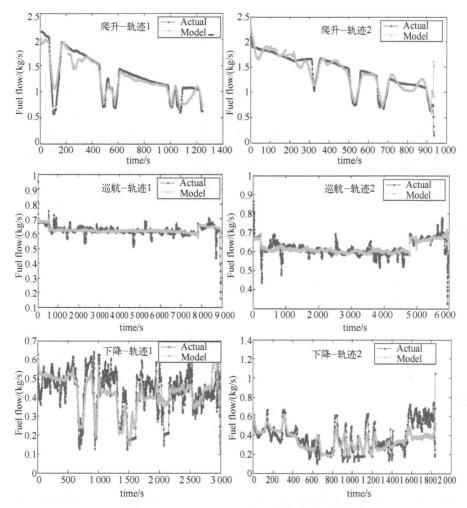

图 2-6　不同飞行状态下的油耗预测结果

　　从各飞行状态下的油耗预算精度看，总体上，基于 ESN 油耗预算模型计算的油耗变化规律与真实油耗的趋势基本相同、变动相似。爬升状态下，基于模型预测值可以较好地反映出实际飞行中油耗突变情况，预测油耗曲线与真实油耗曲线整体拟合度较好，油耗预测平均误差为 0.58%；平飞状态下，油耗预测平均误差为 0.032%，ESN 油耗模型拟合真实油耗数据能力更强，可以更加准确地反映油耗变化趋势；下降阶段，油耗预测平均误差为 −1.11%，但是 MAE 表现欠佳。其原因在于，在进近着陆阶段，频繁变化的航空器机动动作以及自身气动构型会显著影响油耗。如表 2-4 所示，传统的 BADA 油耗模型预测精度欠佳，而基于多参数 ESN 的油耗预测模型能够较好地反映燃油流率变化趋势，整体表现出较高的预测精度。

表 2-4 多参数回声状态网络油耗预测模型预测误差

飞行状态	Multi-para_ESN		BADA	
	AE	MAE	AE	MAE
爬升	0.58%	7.77%	9.46%	11.82%
平飞	0.032%	4.58%	−11.80%	12.90%
下降	−1.11%	25.99%	−39.96%	44.44%

2. 基于多参数敏感度分析的油耗模型简化

为简化燃油流率预测模型，本节采用局部敏感度分析方法量化分析航空器油耗对于多耦合参数的敏感程度，进而提取影响航空器油耗的关键要素，并通过分析简化模型的油耗计算精度阐明关键参数提取的合理性。

（1）局部敏感度分析方法

本节采用修正 Morris 筛选法进行局部敏感度分析[18]，如式（2-13）所示。

$$S = \frac{1}{n} \sum_{i=0}^{n-1} \frac{(y_{i+1} - y_i)/y_0}{P_{i+1} - P_i} \tag{2-13}$$

其中：S 表示变量敏感性判别系数；y_i 表示 Morris 模型第 i 次输出值；y_0 表示变量按照固定步长百分率调整后模型预测结果；P_i 表示模型经过第 i 次运行后，变量对于初始变量的变化率；n 表示 Morris 模型运行次数。

（2）油耗对多参数的敏感度分析

根据修正的 Morris 筛选法，多参数油耗预测模型中不同飞行阶段各参数敏感度 S，如表 2-5 所示。

表 2-5 多参数油耗预测模型敏感度分析

参数	爬升	平飞	下降
M	0.212	−1.658	−1.083
CAS	−0.550	0.701	0.323
T	−0.004	−0.01	0.0001
H	−0.212	−0.194	−0.162
W	0.694	0.273	0.623
TAS	0.307	1.868	1.418
GS	0.305	0.023	0.020
A	0.245	−0.000028	−0.266

根据敏感度判别因子数值大小，可以将影响航空器油耗的关键影响因素划分为四个等级，如表 2-6 所示。

表 2-6　参数敏感度等级划分

—	敏感度取值范围	等级
1	$[0,0.05)$	不敏感
2	$[0.05,0.2)$	敏感
3	$[0.2,1)$	中等敏感
4	≥ 1	高敏感

不同飞行状态参数敏感度结果显示，爬升状态下，油耗影响程度从大到小依次为 W、CAS、TAS、GS、A、M、H、T；平飞状态下，油耗影响程度从大到小依次为 TAS、M、CAS、W、H、GS、T、A；下降状态下，油耗影响程度从大到小依次为 TAS、M，W、CAS、A、H、GS、T。其中平飞阶段航空器速度较为稳定，对油耗影响不明显，可忽略不计。

影响油耗的参数敏感程度结果显示，与速度相关的 M、TAS、CAS 参数，以及 H 和 W 在不同运行状态下对航空器油耗均为敏感参数。鉴于此，结合现有雷达/ADS-B 数据可直接或间接获取的参数[①]，综合考虑各参数敏感度水平、数据的广泛可获取性以及模型的简单实用性，选取 TAS 和 H 作为参数探索重构简化回声状态网络油耗模型（Simp_ESN）。

（3）构建简化回声状态网络油耗模型（Simp_ESN）

构建 Simp_ESN 的网络模型结构和方法过程与多参数 ESN 模型相同，选取 BADA 油耗模型计算结果作为基准，对比不同飞行阶段航空器 Simp_ESN 油耗模型预测结果如图 2-7~图 2-9 所示。

结果表明，爬升阶段，Simp_ESN 模型预测结果与 BADA 油耗计算结果接近，均与真实油耗在平稳阶段拟合较好，因 Simp_ESN 简化了大量输入参数，无法完整显示真实油耗突变情况；平飞阶段，Simp_ESN 模型计算结果较 BADA 油耗模型更能精准地拟合真实油耗，且稳定性也更好；下降状态，因为 BADA 油耗模型主要反映最小推力下的油耗，而 Simp_ESN 模型是计算下降全过程油耗突变与最小推力下油耗的均值，因此 Simp_ESN 模型在下降阶段具有更好的精准度，但仍局限于油耗稳定阶段，对于油耗突变无法很好地拟合。

---

① 直接获取的参数：经纬度、高度、地速、航向。间接获取的参数：机型、飞行状态、真空速。

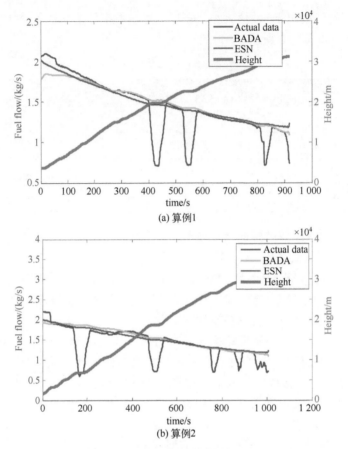

(a) 算例1

(b) 算例2

图 2-7　爬升状态燃油计算结果

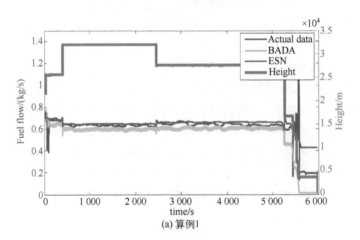

(a) 算例1

图 2-8　平飞状态燃油计算结果

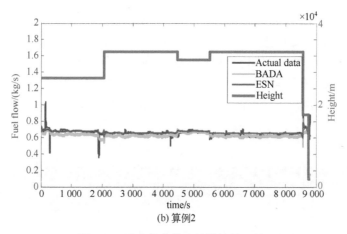

(b) 算例2

图 2-8　平飞状态燃油计算结果（续）

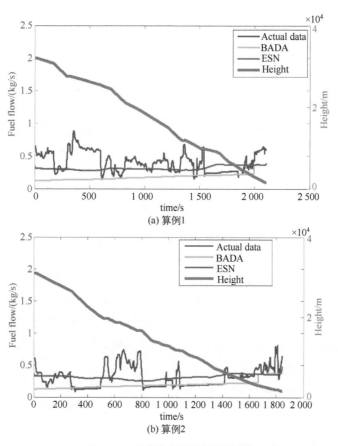

(a) 算例1

(b) 算例2

图 2-9　下降状态燃油计算结果

Multi_para_ESN 模型、Simp_ESN 模型及 BADA 油耗模型误差如表 2-7 所示。相较于 Multi_para_ESN 模型，Simp_ESN 模型因输入参数减少，MAE 和 AE 均有升高，但在平飞及爬升阶段仍然可以保持着较好的计算精度（MAE 增加约 3%，AE 增加约 1%），在下降阶段 MAE 数值增大较多，约为 14%，但 AE 值增大并不显著。相较于 BADA 油耗模型，Simp_ESN 模型在平飞和下降阶段明显具有更好的预测精度，仅爬升阶段的 MAE 略高。

表 2-7　油耗误差对比

States	Error	Simp_ESN	Multi-para_ESN	BADA
Climb	MAE	13.06%	7.77%	11.82%
	AE	1.79%	0.58%	9.46%
Level	MAE	7.1%	4.58%	12.90%
	AE	−0.88%	0.032%	−11.82%
Descend	MAE	39.81%	25.99%	44.44%
	AE	2.06%	−1.11%	−39.96%

综上，相较于 Multi_para_ESN 模型，Simp_ESN 模型预测精度有所下降，但总体估计精度仍在可接受范围内，表明选择高度及真空速作为油耗关键要素构建简化回声状态网络油耗模型具有可行性，且在真实航空器重量和大气环境等 QAR 数据难以获取的条件下，Simp_ESN 模型更加适用于基于轨迹的航空器油耗测算，结合 2.3.2 节的航迹数据预处理方法可以较好地实现 Simp_ESN 模型的广泛应用和精准测算。

2.3.4　航空器环境指标测度方法

1. 污染物排放模型

依照所需数据和计算复杂度，ICAO 为喷气式发动机制定了不同条件下的污染物排放测算方法，首先假设不同机型在 LTO 各阶段内运行特征相似，然后以不同机型、不同种类排放物的平均排放指数为重要参数，结合 LTO 循环次数，即可计算出 CO_2、SO_2、HC、CO 及 NO_x 的排放量。由于简单易行，该方法常被用于快速估算航空器在 LTO 阶段的排放。为了细化计算航空器在 LTO 不同阶段的排放和油耗，微观解读航空器在 LTO 不同阶段的排放特征和影响因素，ICAO 通过考虑燃油流率与各污染物排放指数在不同运行阶段的变化，以及航空器在各阶段的运行时间（time-in-mode，TIM），提高航空器污染物排放测算精度。航空器在 LTO 不同运行阶段的燃油流率与 HC、CO 及 NO_x 的排放因子可从 ICAO 的发动机排放数据库（engine emissions data bank，EEDB）中获取，航空器不同时间段 LTO 对应的运行时间与常规推力设定见表 2-8。

表 2-8　不同时间段 LTO 对应的运行时间与常规推力表

运 行 阶 段	运行时间/min	推力设定/%
进近	4	30
滑行	26	7
起飞	0.7	100
爬升	2.2	85

各类常见航空发动机在 LTO 阶段的污染物排放和油耗如表 2-9 所示。

表 2-9　常见发动机 LTO 循环对应的油耗和排放

制 造 商	发动机系列	主要的机型和发动机数量	每个 LTO 循环的油耗和排放/kg			
			油耗	CO	NO_x	HC
General Electric	CF6 series	A300（2）；A310（2）；A330（2）；B747（4）；B767（2）；MD DC-10（3）；MD-11（3）	811±76	11±5	12±2	2.3±2.2
	GE90 series	B777（2）	1 159±141	14±7	25±5	1.1±0.8
	GEnx series	B747（4）；B787（2）；replacing CF6 series	827±74	7±1	10±3	0.2±0.1
CMF International	CFM56 series	A318（2）；A319（2）；A320（2）；A321（2）；A340（4）；B737（2）；MD DC-8（4）	419±46	6±2	5±1	0.6±0.4
Pratt & Whitney	JT8D series	B707（4）；B727（3）；B737（2）；MD DC-9（2）；MD80（2）	477±35	5±2	4±1	1±0.9
	JT9D series	A300（2）；A310（2）；B747（4）；B767（2）；MD DC-10（3）	842±45	19±10	13±1	7±4.8
	PW 4000 series	A300（2）；A310（2）；B747（4）；B767（2）；B777（2）；MD DC-11（3）	966±150	8±3	17±6	1±0.8
Rolls-Royce	RB211 series	B747（4）；B757（2）；B767（2）；L1011（3）；Tu-204（2）	852±128	15±15	15±5	7.1±11.1
	Trent series	A330（2）；A340（4）；A380（4）；B777（2）；B787（2）	817±370	5±2	19±4	0.2±0.3
BMW Rolls-Royce	BR700 series	B717（2）	332±32	4±1	4±1	0.1±0.1
International Aero Engines	V2500 series	A319（2）；A320（2）；A321（2）；MD-90（2）	452±35	3±0.4	6±1	0.04±0.01
Aviadvigatel	D30 series	Tu-154（3）	622±110	21±6	5±1	5.5±2.4

获取 EEDB 数据库中不同航空器机型对应 LTO 循环的发动机尾气标准排放指数，主要有 CO_2、NO_x、CO、HC、SO_2 五种航空器尾气排放物，其中，CO_2、SO_2 的排放指数在不同发动机机型、不同推力以及不同大气条件下不变，分别是 3 155 g/kg、0.8 g/kg，NO_x、CO、HC 三种尾气排放物的排放指数随着运行条件和发动机机型不同而变化。对于 CO_2、CO、HC 以及 NO_x，当前研究中常用的模型为双对数模型。以 B737 机型的 CFM56-7B26 型号发动机为例，说明该型号发动机在 LTO 循环标准大气条件下的燃油流率和排放指数，如表 2-10 所示。

表 2-10　ISA 条件下 CFM56-7B26 型号发动机的燃油流率和排放指数

LTO 循环模式名称	燃油流率/(kg/s)	标准排放指数/(g/kg)		
		REIHC	REICO	REINO$_x$
起飞	1.221	0.1	0.2	28.8
爬升	0.999	0.1	0.6	22.5
进近	0.338	0.1	1.6	10.8
滑行	0.113	1.9	18.8	4.7

依据校正标准油耗率与标准排放指数在双对数坐标中的线性关系，可在双对数坐标中采用线性插值法得到标准燃油流率对应的标准排放指数，也就是实际推力条件下的标准排放指数。

考虑实际运行过程中大气效应对排放的影响，将计算得到的标准排放指数按照下述公式修正到实际大气条件，即：

$$\begin{cases} \mathrm{EINO}_{x,i} = \mathrm{REINO}_x e^{H_i} (\delta_{amb,i}^{1.02}/\theta_{amb,i}^{3.3})^{1/2} \\ \mathrm{EICO}_i = \mathrm{REICO}(\theta_{amb,i}^{3.3}/\delta_{amb,i}^{1.02}) \\ \mathrm{EIHC}_i = \mathrm{REIHC}(\theta_{amb,i}^{3.3}/\delta_{amb,i}^{1.02}) \\ H_i = -19 \times (w_i - 0.006\ 3) \end{cases} \tag{2-14}$$

式（2-14）中，$\mathrm{EINO}_{x,i}$、EICO_i 和 EIHC_i 分别表示实际运行条件下的 NO_x、CO 和 HC 的排放指数；REINO_x、REICO 和 REIHC 分别表示标准条件下 NO_x、CO 和 HC 的排放指数；H_i 表示实际运行条件下的湿度修正系数，w_i 表示实际运行条件下的比湿度。

2. 全球总增温模型

由于不同气体具有不同的辐射属性，并且气体排放之后所产生的温室效应也不尽相同，如何评估发动机排放物对气候变化的影响就显得尤为重要。本书采用全球温变潜能（global temperature change potential，GTP）中的绝对脉冲全球温度变化潜势（APGTP）评估发动机排放物对气候变化的影响。用 $T_{\mathrm{P},x}$（℃/kg）表示 APGTP 的计算公式：

$$T_{P,x} = \frac{A_x(e^{-T_h/\alpha_x} - e^{-T_h/\tau})}{C(\tau^{-1} - \alpha_x^{-1})} \tag{2-15}$$

其中，x 为排放气体类别，此处为 CO_2 和 NO_x；A_x 为排放 1 kg 温室气体产生的辐射强度（单位：$W \cdot m^{-2} \cdot kg^{-1}$）；$T_h$ 为排放气体对大气环境温度产生影响的时间尺度（单位：年）；α_x 为气体生命周期（单位：年）；τ 为大气环境变化响应的时间等级（单位：年）；C 为气候系统的环境热容能力（单位：$year \cdot W \cdot m^{-2} \cdot \text{℃}^{-1}$）。由于气体排放对大气环境造成的影响一般采用全球总增温 T_E 表示，全球总增温 T_E 计算公式可表示为：

$$T_E = \sum_x E_x T_{P,x} \tag{2-16}$$

其中，E_x 为排放气体 x 的排放量，由前述污染物排放模型可知。根据文献对 20 年排放温室气体对气候变化造成的影响进行研究，CO_2、NO_x 两种排放温室气体的 APGTP 为 $T_{P,CO_2} = 8.3 \times 10^{-16}(\text{℃/kg})$，$T_{P,NO_x} = -510 \times 10^{-16}(\text{℃/kg})$ [243]。

2.4　综合评估方法

2.4.1　一致化处理

指标一致化处理过程即统一优劣规则的过程。根据指标权重设置方法不同，本书针对所选油耗指标、排放指标作以下一致化处理：

首先，采用平移变换

$$x_j' = M_j - x_j \tag{2-17}$$

其中 $M_j = \max\limits_{1 \leqslant i \leqslant n}\{a_{ij}\}$，即 n 个评价对象第 j 项指标 a_{ij} 最大者。

极大化指标，主要针对各种"越少越好"的评价对象，如油耗、NO_x、CO_2 等排放物。

对于居中最佳的指标 x_j，可以令 $M_j = \max\{a_{ij}\}$，$m_j = \min\{a_{ij}\}$，按照

$$x_j' = \begin{cases} \dfrac{2(x_j - m_j)}{M_j - m_j}, & m_j \leqslant x_j \leqslant \dfrac{M_j + m_j}{2} \\ \dfrac{2(M_j - x_j)}{M_j - m_j}, & \dfrac{M_j + m_j}{2} \leqslant x_j \leqslant M_j \end{cases} \tag{2-18}$$

居中型指标，主要针对各种"居中最优"的评价对象，主要针对航空器运行时间，根据航班飞行计划，航空器运行时所用时间与飞行计划刚好吻合时，该指标最佳。各项指标分类如表 2-11 所示。

表 2-11　绿色指标分类

指 标 类 型	一 级 指 标	指 标 名 称
极大化指标	环境	二氧化碳（CO_2）排放量
		一氧化碳（CO）排放量
		氮氧化物（NO_x）排放量
		二氧化硫（SO_2）排放量
		碳氢化物（HC）排放量
		全球增温潜势
	效益	油耗量
居中型指标	效率	飞行时间

2.4.2　量纲一处理

本书采用均值-方差标准化方法进行处理，假设有 n 个待评价对象 $S_1,S_2,S_3,\cdots,S_n$，每个对象有 m 个待归一化指标，其观测值表示为 a_{ij}：

$$u_j = \frac{1}{n}\sum_{i=1}^{n} a_{ij} \tag{2-19}$$

式中，u_j 为对应 n 个样本（观测指标值）a_{ij} 的均值；

$$s_j = \sqrt{\frac{1}{n}\sum_{i=1}^{n}(a_{ij}-u_j)^2} \tag{2-20}$$

式中，s_j 为对应 n 个样本（观测指标值）a_{ij} 的标准差；

$$a_{ij}^* = \frac{a_{ij}-u_j}{s_j} \tag{2-21}$$

式中，a_{ij}^* 为对应 n 个样本（观测指标值）a_{ij} 标准化后的指标值。

2.4.3　TOPSIS 综合评价方法

理想解的排序方法 TOPSIS 是借助于评价问题的正理想解和负理想解对各个评价样本进行排序，具体步骤如下。

① 对比评价对象的每个指标值的优劣，分别找出正负理想解 C^+、C^-，

$$C^+ = (c_1^+,c_2^+,\cdots,c_m^+)$$
$$C^- = (c_1^-,c_2^-,\cdots,c_m^-) \tag{2-22}$$

其中，正理想解 C^+ 中的每个对象 c_i^+ 均是观测样本中的最优值，负理想解 C^- 中的对象则为最劣值即：

$$c_j^+ = \max_{1\leqslant i\leqslant n} b_{ij}, c_j^- = \min_{1\leqslant i\leqslant n} b_{ij} \tag{2-23}$$

② 计算距离。计算评价对象与正、负理想解之间的欧式距离：

$$s_i^+ = \sqrt{\sum_{j=1}^m (b_{ij} - c_j^+)^2}, i = 1, 2, \cdots, n \tag{2-24}$$

$$s_i^- = \sqrt{\sum_{j=1}^m (b_{ij} - c_j^-)^2}, i = 1, 2, \cdots, n \tag{2-25}$$

③ 对象排序。根据相对接近程度 f_i 对评价对象进行排序，且：

$$f_i = \frac{s_i^-}{s_i^- + s_i^+} \tag{2-26}$$

2.5　本章小结

本章提出了绿色空中交通基本概念，建立了涵盖环境、效益、效率等维度的绿色指标架构和关键指标选取原则，形成了以航迹数据为基础，以油耗为切入点的关键指标测算总体思路，重点研究了基于回声状态网络的燃油流率测度方法，初步解决了传统 BADA 模型燃油流率计算中输入参数复杂和计算精度不高等难题；在此基础上，建立航空器排放及其温室效应影响指标模型；进而面向环境、效益、效率等多维度指标的模型关联关系，提出绿色空中交通综合评价方法，为后续绿色空中交通实证评估与绿色航迹优化提供模型体系支撑。

第 3 章　中国空中交通环境效能实证评估

　　本章基于第 2 章提出的油耗、污染物排放、单位时间/里程油耗、单位时间/里程排放、单位里程飞行时间等绿色空中交通关键性能指标，考虑无重大异常天气和其他空域用户重大活动，以及轨迹完整性、新冠疫情影响等因素，选取 2019 年 6 月 1 日 2 884 条国内城市对航线共计 8 459 架航班为对象，融合航班计划、ADS-B 飞行轨迹和天气（包括气压、温度、湿度、风速、风向等）等数据，从全国、城市对和进近（终端）不同层面评估分析空中交通活动的绿色性能水平和特征，如图 3-1 所示。重点针对起降（LTO）和巡航（CCD）阶段的差异性、城市对油耗排放的稳定性、燃油效率对飞行里程（时间）的敏感性、油耗与各污染物排放的关联性、飞行轨迹与油耗差异性、油耗对空域流量变化的敏感性等方面开展研究，并基于 TOPSIS 模型开展绿色空中交通综合实证评估，以探明我国空中交通运行总体绿色水平及其影响因素，阐明绿色性能提升的潜力空间和优化方向，为开展基于航迹的绿色空中交通优化方法研究提供实证依据。

3.1　全国空中交通环境效能评估

3.1.1　环境影响总体情况分析

1. 总油耗和排放量分析

　　为了探寻全国层面的绿色空中交通运行规律，以 2019 年 6 月 1 日全国运行航班为例，统计分析了当日全国运行航班的油耗量及污染物排放量，如图 3-2 所示。其中油耗（Fuel）达 $5.14×10^7$ kg，污染物排放量中 CO_2 排放量占比最大，共计 $1.62×10^8$ kg，其次是 NO_x，排放量共计 $1.15×10^6$ kg，其余的 CO、SO_x、HC 等排放物的排放量占比较少。

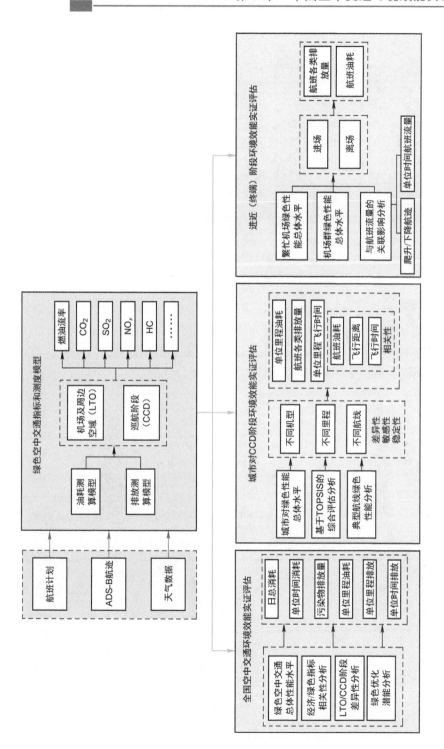

图 3-1　空中交通环境效能实证评估总体框架

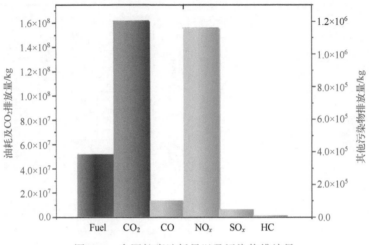

图 3-2　全国航班油耗量以及污染物排放量

2. 单位时间油耗和排放量分析

以典型日单位时间油耗和排放量为统计样本进行分析，如图 3-3 所示，可以发现单位时间平均油耗 50 kg/min 左右，CO_2 单位时间平均排放量在 160 kg/min 左右，CO、NO_x、SO_x 及 HC 单位时间排放量小于 5 kg/min。

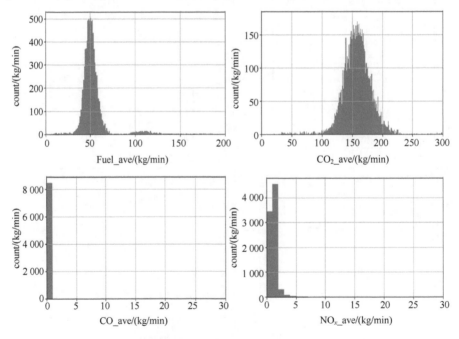

图 3-3　单位时间油耗和排放量分析

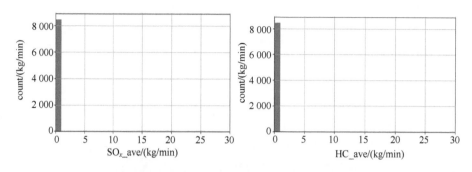

图 3-3　单位时间油耗和排放量分析（续）

3. 单位里程油耗和排放量分析

进一步探索油耗和排放物排放量与飞行里程之间的关系，如图 3-4 所示，航班单位里程平均油耗大多小于 10 kg/km，均值约 5 kg/km，CO_2 单位里程平均排放量在 15 kg/km 左右，CO、NO_x、SO_x 及 HC 单位里程排放量小于 5 kg/km。

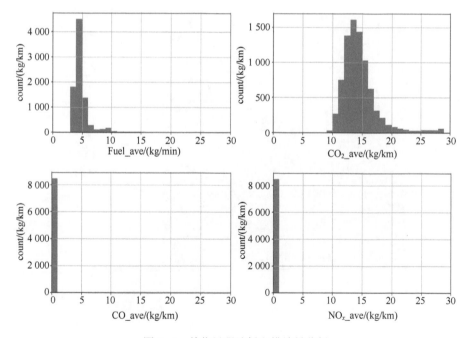

图 3-4　单位里程油耗和排放量分析

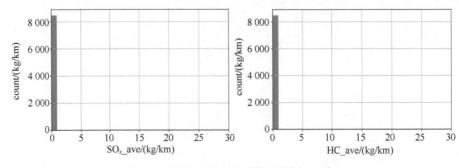

图 3-4　单位里程油耗和排放量分析（续）

3.1.2　环境影响因素特征分析

1. 油耗与排放物相关性分析

为进一步发掘油耗和排放物之间的关系，统计分析油耗量和各污染物排量数据间的相关性关系，如图 3-5 所示。通过相关性关系图可以发现，油耗和各污

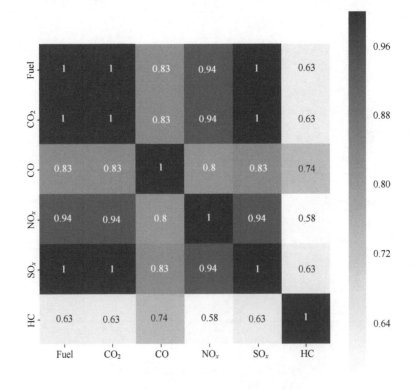

图 3-5　油耗量与污染物排放量的相关性关系

染物排放量呈现显著正向相关性，除 HC 外，CO_2、CO、NO_x、SO_x 排放量与油耗的相关系数均大于 0.8，CO_2、SO_x 排放量与油耗的相关系数为 1，说明油耗指标不仅可以体现空中交通经济性，也可以间接反映空中交通活动的绿色特性。

2. 不同飞行阶段的油耗和排放物分析

针对起降和航路飞行不同阶段的油耗和排放物差异性规律，分析了油耗和污染物排放在不同飞行阶段的重量，如图 3-6 所示。其中油耗和 CO_2、NO_x、SO_x 排放主要产生在 CCD 阶段，CO 排放量主要产生在 LTO 阶段，HC 排放量产生在飞行全过程，但 CCD 阶段占比相对较多。

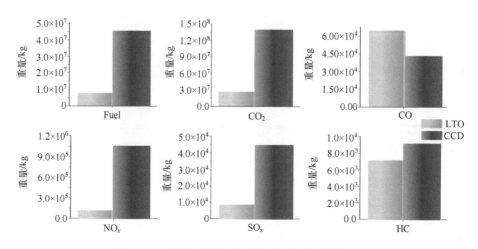

图 3-6　起降和航路飞行阶段的油耗量和排放量

3.1.3　环境效能提升潜能分析

根据美国 FAA 公布的数据显示，1960—2020 年间航班单位油耗里程如图 3-7 所示，2020 年已超过 0.5 km。根据典型日数据测算结果显示，我国航班单位油耗里程约 0.2 km，远低于美国水平，我国民航的燃油效率实现绿色发展具有较大提升的潜能空间。民航局制定的《新时代新征程谱写交通强国建设民航新篇章行动纲要》、空管局制定的现代化空管战略都将"绿色化"作为发展导向，并提出空中交通管理要在确保运行安全前提下，提高空中交通管理运行效率，以实现减少航空排放的具体任务目标。

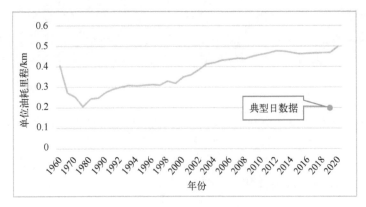

图 3-7   FAA 公布的航班单位油耗里程

3.2   城市对 CCD 阶段环境效能评估

基于 3.1 节所证的 CCD 是油耗和 CO_2、NO_x、SO_x、HC 排放的主要阶段，且油耗与排放之间呈显著强正相关关系，本节以城市对 CCD 阶段空中交通油耗等为例开展总体环境效能水平和特征航线绿色性能指标分析与综合评估。

3.2.1   城市对航线环境效能综合评估

1. 总体特征分析

典型日 2019 年 6 月 1 日共 2 884 条城市对航线（往返记为不同城市对航线），城市对航线航班 CCD 阶段的单位里程平均油耗为 3.89 kg，总体分布如图 3-8 所示，具有明显的分类特征。低油耗机型主要包括 A319、A320、A321、B737、B738、B739 等。其中，除 A319 燃油效率显著（$p < 0.05$）较高外，其他机型平均单位里程油耗和分布散度均无明显差异，如图 3-9 所示。B747 燃油效率最低且波动性较大，平均单位里程油耗超过 14 kg；B788 在宽体机中表现出最佳燃油经济性，平均单位里程油耗仅为 B747 的 49%。

基于前述燃油效率分布分析，将主要机型分为两类，实证分析航班单位里程油耗与航线总里程之间的统计关系，如图 3-10 所示。总体来说，燃油效率随着飞行里程的增加而提升，且单位里程油耗的下降率逐步放缓。其中，中型机飞行里程主要集中在 800~1 800 km，约占 70%，单位里程油耗在 2 000 km 左右，燃油效率达到峰值，约 3.38 kg；主用宽体机飞行里程主要集中在 1 200~2 200 km，约占 80% 以上，航程每增加 100 km，单位里程油耗降低 0.12 kg。

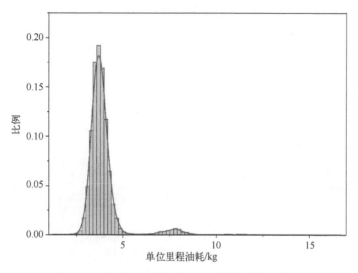

图 3-8　我国典型日航班 CCD 阶段燃油效率分布

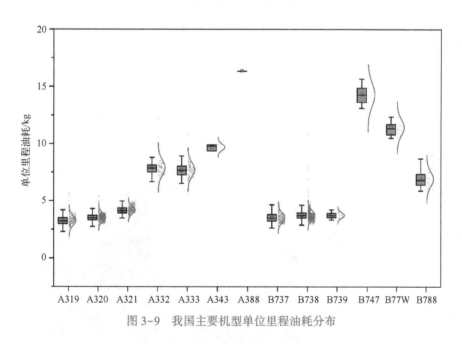

图 3-9　我国主要机型单位里程油耗分布

2. 基于 TOPSIS 的繁忙城市对绿色效能综合评估

典型日城市对航线航班量分布如图 3-11 所示。其中，约 52% 的城市对航班量不大于 2 架次/日；日航班量大于 10 架次的城市对不足 5%，航班量约占全国日总量 26.5%，油耗约占全国日总量 31%。

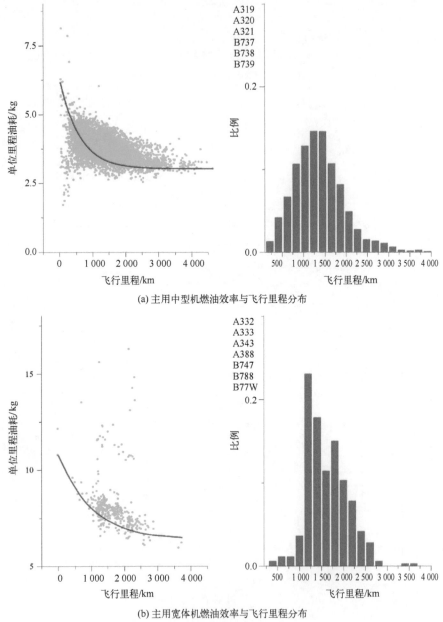

(a) 主用中型机燃油效率与飞行里程分布

(b) 主用宽体机燃油效率与飞行里程分布

图 3-10　单位里程油耗与总里程的关系

　　选取表 3-1 中的繁忙城市对往返共 24 组航线，考虑飞行效率与燃油效率之间的复杂关系，分析单位里程飞行时间和单位里程油耗两个指标，如图 3-12 所示。整体上，燃油效率范围为 4~6.86 kg/km，京广、京沪和沪广航线执飞宽体机偏多导致单位里程油耗明显偏高；飞行效率范围 4.47~5.6 s/km，受航空器性能约束，其波动性水平不高，深圳、广州至北京的航线单位里程飞行时间最短，与燃油效率呈现一定程度的悖反关系。

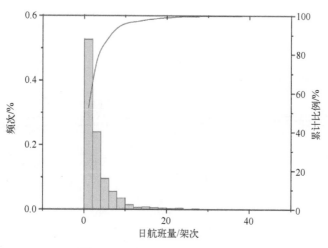

图 3-11　城市对航线航班量分布

表 3-1　城市对航线油耗与航班量（大于 20 架次/日）

航线	油耗/kg	航班量/架次	航线	油耗/kg	航班量/架次
ZBAA—ZSSS	357 310	41	ZSSS—ZBAA	376 140	39
ZSSS—ZGSZ	253 771	33	ZGSZ—ZSSS	226 780	29
ZBAA—ZUUU	336 533	31	ZUUU—ZBAA	337 352	31
ZGSZ—ZBAA	432 974	28	ZBAA—ZGSZ	331 032	23
ZGGG—ZUUU	186 525	27	ZUUU—ZGGG	156 479	23
ZGGG—ZSHC	149 207	26	ZSHC—ZGGG	117 870	21
ZGGG—ZSSS	265 237	26	ZSSS—ZGGG	243 839	23
ZBAA—ZSHC	161 081	24	ZSHC—ZBAA	149 105	22
ZGGG—ZBAA	361 155	23	ZBAA—ZGGG	318 161	21
ZUUU—ZGSZ	193 217	23	ZGSZ—ZUUU	182 647	22
ZBAA—ZUCK	190 586	22	ZUCK—ZBAA	181 829	22
ZGSZ—ZUCK	145 893	22	ZUCK—ZGSZ	139 826	21

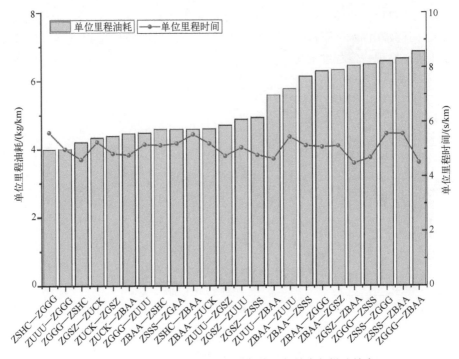

图 3-12　日航量大于 20 架次的航线飞行效率与燃油效率

　　根据 3.1.1 节的结论,"单位里程油耗"可以综合体现空中交通活动的经济效益和绿色特性,"单位里程时间"是反映空中交通效率的性能指标,鉴于此,本节采用 2.4 节的 TOPSIS 方法,开展城市对航线绿色空中交通综合评价,即平衡空中交通运行效率、经济效益和绿色特性,总体把握我国繁忙城市对航线的绿色运行状态,如表 3-2 所示,各项指标排名如图 3-13 所示。其中,接近度大小体现了航线综合性能的高低。

表 3-2　繁忙城市对航线绿色性能综合评价结果

航线	单位里程油耗 /(kg/km)	单位里程时间 /(s/km)	加权综合值	接近度	日航班量/ 架次
ZBAA—ZSSS	6.12	5.13	5.62	0.29	41
ZSSS—ZBAA	6.65	5.56	6.10	0.07	39
ZSSS—ZGSZ	4.58	5.20	4.89	0.70	33
ZUUU—ZBAA	5.58	4.65	5.11	0.50	31
ZBAA—ZUUU	5.76	5.44	5.60	0.35	31
ZGSZ—ZSSS	4.92	4.78	4.85	0.68	29
ZGSZ—ZBAA	6.44	4.48	5.45	0.34	28

续表

航线	单位里程油耗 /(kg/km)	单位里程时间 /(s/km)	加权综合值	接近度	日航班量/ 架次
ZGGG—ZUUU	4.47	5.17	4.82	0.74	27
ZGGG—ZSHC	4.20	4.62	4.41	0.92	26
ZGGG—ZSSS	6.48	4.69	5.58	0.30	26
ZBAA—ZSHC	4.58	5.14	4.86	0.72	24
ZGGG—ZBAA	6.86	4.51	5.68	0.29	23
ZUUU—ZGSZ	4.70	4.75	4.72	0.75	23
ZUUU—ZGGG	4.00	5.00	4.50	0.84	23
ZBAA—ZGSZ	6.31	5.12	5.71	0.24	23
ZSSS—ZGGG	6.57	5.56	6.06	0.09	23
ZUCK—ZBAA	4.45	4.78	4.62	0.82	22
ZGSZ—ZUUU	4.87	5.05	4.97	0.66	22
ZBAA—ZUCK	4.59	5.20	4.90	0.70	22
ZGSZ—ZUCK	4.33	5.26	4.80	0.74	22
ZSHC—ZBAA	4.58	5.54	5.06	0.64	22
ZUCK—ZGSZ	4.38	4.83	4.61	0.83	21
ZBAA—ZGGG	6.28	5.08	5.68	0.25	21
ZSHC—ZGGG	3.99	5.61	4.80	0.70	21

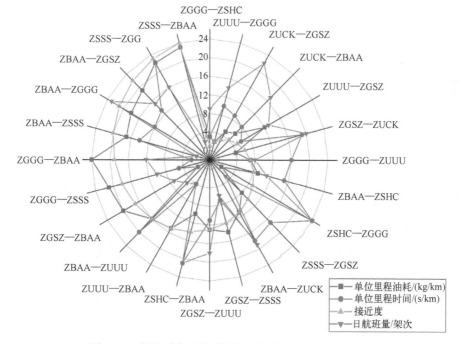

图 3-13　繁忙城市对航线绿色指标排名与综合性能评估

结果表明，ZGGG—ZSHC、ZUUU—ZGGG 和 ZUCK—ZGSZ 的"绿色－经济"综合性能较好；ZSHC—ZGGG、ZUUU—ZGGG 和 ZGGG—ZSHC 的燃油效率较高，即效益和绿色性能较好；ZGSZ—ZBAA、ZGGG—ZBAA 和 ZGGG—ZSHC 的飞行效率较高。其中 ZSHC—ZGGG 的燃油效率和飞行效率分别位列第一和最末，综合排名第 9；ZSSS—ZBAA 燃油效率和飞行效率均位列 23 位，综合排名最末。

3.2.2   北京首都—上海虹桥典型城市对航线环境效能分析

以 ZBAA—ZSSS 和 ZSSS—ZBAA 为例开展绿色性能分析。按照机型分组，分别提取 ZBAA—ZSSS 和 ZSSS—ZBAA 航线各航班 CCD 阶段的油耗量和单位里程油耗，如图 3-14 和图 3-15 所示。采用 Shapiro-Wilk 和 Levene 方法对分组数据特征进行分析，结果表明各组数据均不满足正态分布和方差齐性。此外，前续和后续航班之间可能存在潜在的相互影响或受相似的外部环境约束，本书选用 Friedman 检验数据之间的显著性，结果如下。

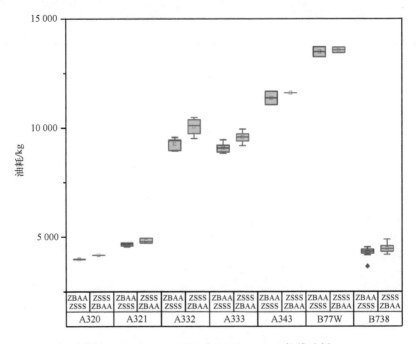

图 3-14   ZBAA—ZSSS 和 ZSSS—ZBAA 航线油耗

1. 机型差异性

不考虑城市对往返航线影响，A320 航线 CCD 阶段平均油耗 4 085 kg，油耗显著（$p<0.001$）低于其他机型；B738 平均航程油耗比 A321 低 340 kg，A332 平均航程油耗较 A333 低 360 kg，但在统计层面的显著性（$p>0.1$）水平不高；B77W 共执飞四段航程，平均航程油耗量接近 A320、A321 和 B738 的三倍（$p=0$）。在机型差异性方面，单位里程油耗特征与航程总油耗一致，不再赘述。

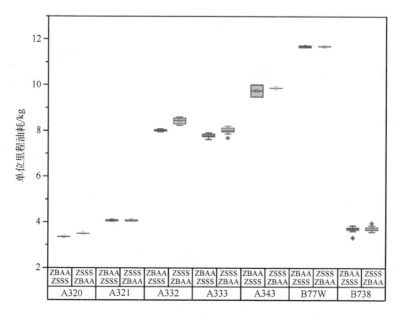

图 3-15　ZBAA—ZSSS 和 ZSSS—ZBAA 航线单位里程油耗

2. 航线差异性

　　不考虑机型差异性，ZBAA—ZSSS 比 ZSSS—ZBAA 平均航程油耗低 534 kg（$p<0.001$），单位里程平均油耗低 0.53 kg（$p>0.05$）。按照机型分组，在航程油耗层面，仅 B77W 航程往返油耗相对均衡（$p=1.000$）；从单位里程油耗来看，其分布较航程总油耗更集中，体现了燃油效率的稳定性。特别地，与 ZSSS—ZBAA 相比，在 ZBAA—ZSSS 的平均飞行总里程少 32 km、平均飞行时间短 11 min 的条件下，A332 和 A333 的往返燃油总量和燃油效率的差异性均较为显著（$p<0.001$），平均航程油耗低 608 kg、平均单位里程油耗低 0.3 kg。

　　图 3-16 为 A333 往返于北京首都机场和上海虹桥机场之间全部航班的飞行距离、飞行时间和航程油耗之间的关系。总体上，飞行时间和飞行距离呈现相对一致的变化趋势；当飞行时间一定时，航程油耗随着飞行距离增加呈现单调递增状

态；当飞行距离保持不变时，油耗与飞行时间呈现较为显著的三阶段关联变化关系。阶段一，飞行距离小于等于 1 200 km 时，飞行时间的可调节空间随着飞行距离的增加同步增大，最大时间跨度可达 20 min；该阶段内油耗随飞行时间的减少呈现先升高后降低的趋势，且时间最短对应的油耗最低，反映了高速飞行的油耗更少，即经济效益和绿色性能更好。阶段二，飞行距离大于 1 200 km 小于 1 220 km 时，尽管油耗随飞行时间的变化与阶段一一致，但低速飞行（飞行时间长）对应的油耗低。阶段三，飞行距离大于等于 1 220 km 时，油耗随着飞行时间的减少单调递增，表明在相对适中的飞行速度区间内，考虑经济和绿色的航班飞行速度和高度层之间尚未得到优化适配。

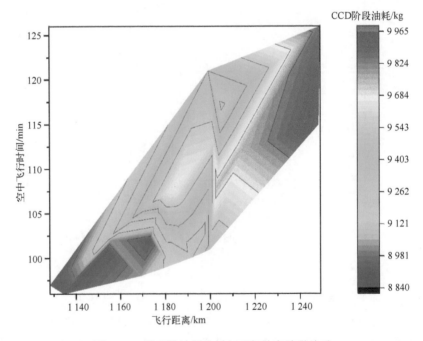

图 3-16   基于统计的油耗与飞行效率关联关系

选取 ZSSS—ZBAA 两架航班三维飞行剖面和采样时间窗内的油耗，如图 3-17 所示。与 CES5151 相比，CES5105 飞行轨迹呈现典型的持续爬升、长时间高高度巡航和较短下降阶梯等绿色轨迹特征，且具有低的非直线系数，飞行里程、飞行时长、油耗和单位里程油耗分别下降 50 km、6 min、533 kg 和 0.2 kg。因此，优化飞行路径和"速度-高度"剖面是提升燃油经济性和飞行效率的有效方式。

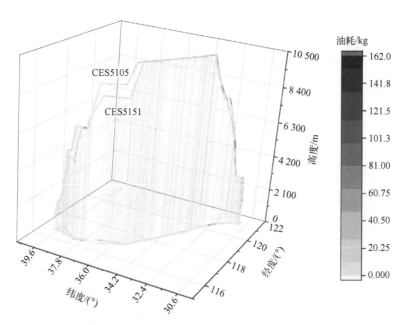

图 3-17　航班 CCD 阶段飞行剖面与油耗对比

3.3　进近（终端）阶段环境效能评估

3.3.1　繁忙机场（群）进离场环境效能评估

　　本节以 2019 年 6 月 1 日作为典型日，面向我国 35 个协调机场，以及京津冀、长三角、珠三角和成渝四大机场群，开展进近（终端）空域绿色空中交通分析与评估，所涉及的主辅协调机场和机场群如表 3-3 和表 3-4 所示，涵盖的航空排放物包括 CO_2、SO_x、NO_x、CO 和 HC，排放物测算高度范围为 $1\,000 \sim 6\,000$ m。

表 3-3　我国主辅协调机场

四　字　码	中文名称	地　区	协调机场
ZGSD	珠海/金湾	中南	辅
ZHHH	武汉/天河	中南	主
ZBLA	呼伦贝尔/海拉尔	华北	辅
ZBHH	呼和浩特/白塔	华北	辅
ZSCN	南昌/昌北	华东	辅

四字码	中文名称	地区	协调机场
ZGNN	南宁/吴圩	中南	辅
ZLLL	兰州/中川	西北	辅
ZUUU	成都/双流	西南	主
ZSQD	青岛/流亭	华东	主
ZSAM	厦门/高崎	华东	主
ZSFZ	福州/长乐	华东	主
ZGGG	广州/白云	中南	主
ZUGY	贵阳/龙洞堡	西南	辅
ZLXY	西安/咸阳	西北	主
ZSHC	杭州/萧山	华东	主
ZWWW	乌鲁木齐/地窝堡	新疆	主
ZGSZ	深圳/宝安	中南	主
ZGHA	长沙/黄花	中南	主
ZJHK	海口/美兰	中南	主
ZJSY	三亚/凤凰	中南	主
ZUCK	重庆/江北	西南	主
ZPPP	昆明/长水	西南	主
ZBSJ	石家庄/正定	华北	辅
ZSJN	济南/遥墙	华东	辅
ZHCC	郑州/新郑	中南	辅
ZSSS	上海/虹桥	华东	主
ZYCC	长春/龙嘉	东北	辅
ZYHB	哈尔滨/太平	东北	辅
ZSPD	上海/浦东	华东	主
ZYTX	沈阳/桃仙	东北	辅
ZBTJ	天津/滨海	华北	主
ZBYN	太原/武宿	华北	辅
ZBAA	北京/首都	华北	主
ZYTL	大连/周水子	东北	主
ZSNJ	南京/禄口	华东	主

表 3-4　我国四大机场群构成

机 场 群	机场个数	机 场 列 表
京津冀	9	北京首都、北京南苑、天津滨海、石家庄正定、邯郸、唐山三女河、秦皇岛北戴河、张家口宁远、承德普宁
珠三角	8	广州白云、深圳宝安、珠海金湾、揭阳潮汕、惠州平潭、佛山沙堤、梅州梅县、湛江吴川
长三角	22	合肥新桥、黄山屯溪、阜阳西关、安庆天柱山、池州九华山、常州奔牛、南京禄口、南通兴东、无锡硕放、义乌、盐城南洋、扬州泰州、徐州观音、连云港花果山、淮安涟水、上海浦东、上海虹桥、杭州萧山、舟山普陀山、台州路桥、宁波栎社、温州龙湾
成渝	9	成都双流、重庆江北、绵阳南郊、宜宾五粮液、南充高坪、达州金垭、泸州云龙、万州五桥、黔江武陵山

　　2019 年 6 月 1 日，我国主要机场（群）进近（终端）空域航班油耗及排放物清单如表 3-5 和表 3-6 所示。总体上，进近（终端）空域中，CO_2 和 H_2O 是最主要的排放物，NO_x 是最主要的大气污染物，CO 与 SO_x 排放量相近，HC 的排放量相对较少。需要说明的是，考虑不同机场单日起降航班数量差距较大，为了进一步增加对比的现实意义，本节选择单位进、离场航班油耗及排放进行对比。单位架次进、离场航班油耗如图 3-18 所示。结果表明，单位架次进、离场航班油耗具有显著差异，即单位进场航班油耗显著（$p<0.001$）低于单位离场航班油耗。

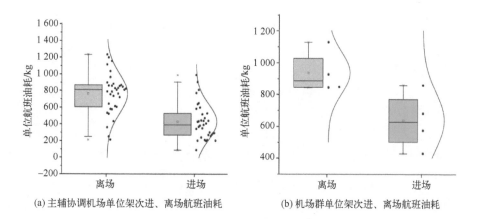

(a) 主辅协调机场单位架次进、离场航班油耗　　(b) 机场群单位架次进、离场航班油耗

图 3-18　单位架次进、离场航班油耗分布

表3-5 典型日我国主要机场进近（终端）空域航班油耗及排放物

机场	单位离场航班油耗及排放物/kg						单位进场航班油耗及排放物/kg						协调机场
	油耗	CO₂	SO_x	NO_x	CO	HC	油耗	CO₂	SO_x	NO_x	CO	HC	
ZBAA	890.83	2 806.11	0.89	20.69	0.89	0.19	768.45	2 420.62	0.77	17.85	0.76	0.17	主
ZSPD	853.98	2 690.04	0.85	19.83	0.85	0.18	342.72	1 079.57	0.34	7.96	0.34	0.07	主
ZGGG	1 106.28	3 484.80	1.11	25.69	1.10	0.24	982.87	3 096.04	0.98	22.82	0.98	0.21	主
ZUUU	956.63	3 013.40	0.96	22.22	0.95	0.21	580.60	1 828.90	0.58	13.48	0.58	0.13	主
ZGSZ	1 190.08	3 748.75	1.19	27.64	1.18	0.26	899.75	2 834.21	0.90	20.89	0.89	0.19	主
ZPPP	531.09	1 672.95	0.53	12.33	0.53	0.11	426.98	1 344.98	0.43	9.92	0.42	0.09	主
ZLXY	519.06	1 635.04	0.52	12.05	0.52	0.11	203.70	641.66	0.20	4.73	0.20	0.04	主
ZSSS	1 026.89	3 234.71	1.03	23.85	1.02	0.22	431.35	1 358.76	0.43	10.02	0.43	0.09	主
ZUCK	850.08	2 677.77	0.85	19.74	0.85	0.18	594.37	1 872.26	0.59	13.80	0.59	0.13	主
ZSHC	875.53	2 757.91	0.88	20.33	0.87	0.19	442.53	1 393.97	0.44	10.28	0.44	0.10	主
ZSNJ	784.59	2 471.45	0.78	18.22	0.78	0.17	515.54	1 623.95	0.52	11.97	0.51	0.11	主
ZHCC	359.19	1 131.44	0.36	8.34	0.36	0.08	368.84	1 161.84	0.37	8.57	0.37	0.08	辅
ZSAM	822.96	2 592.32	0.82	19.11	0.82	0.18	381.10	1 200.48	0.38	8.85	0.38	0.08	主
ZHHH	638.43	2 011.06	0.64	14.83	0.63	0.14	436.90	1 376.24	0.44	10.15	0.43	0.09	主
ZGHA	750.53	2 364.15	0.75	17.43	0.75	0.16	242.10	762.62	0.24	5.62	0.24	0.05	主
ZSQD	804.90	2 535.44	0.80	18.69	0.80	0.17	349.60	1 101.25	0.35	8.12	0.35	0.08	主
ZJHK	824.74	2 597.94	0.82	19.15	0.82	0.18	390.45	1 229.93	0.39	9.07	0.39	0.08	主
ZWWW	781.00	2 460.15	0.78	18.14	0.78	0.17	212.21	668.46	0.21	4.93	0.21	0.05	主
ZBTJ	1 145.48	3 608.27	1.15	26.60	1.14	0.25	635.62	2 002.20	0.64	14.76	0.63	0.14	主
ZUGY	848.68	2 673.34	0.85	19.71	0.84	0.18	469.60	1 479.23	0.47	10.91	0.47	0.10	辅
ZYHB	250.77	789.91	0.25	5.82	0.25	0.05	200.74	632.32	0.20	4.66	0.20	0.04	辅
ZYTX	730.50	2 301.08	0.73	16.96	0.73	0.16	407.42	1 283.37	0.41	9.46	0.41	0.09	辅

续表

机场	单位离场航班油耗及排放物/kg						单位进场航班油耗及排放物/kg						协调机场
	油耗	CO₂	SO_x	NO_x	CO	HC	油耗	CO₂	SO_x	NO_x	CO	HC	
ZJSY	861.31	2 713.13	0.86	20.00	0.86	0.19	210.38	662.70	0.21	4.89	0.21	0.05	主
ZYTL	213.57	672.73	0.21	4.96	0.21	0.05	270.89	853.31	0.27	6.29	0.27	0.06	主
ZSJN	575.98	1 814.33	0.58	13.38	0.57	0.12	300.99	948.12	0.30	6.99	0.30	0.07	辅
ZGNN	841.84	2 651.80	0.84	19.55	0.84	0.18	258.43	814.05	0.26	6.00	0.26	0.06	辅
ZLLL	610.66	1 923.59	0.61	14.18	0.61	0.13	646.73	2 037.19	0.65	15.02	0.64	0.14	辅
ZSFZ	602.51	1 897.91	0.60	13.99	0.60	0.13	526.16	1 657.41	0.53	12.22	0.52	0.11	主
ZBYN	805.68	2 537.91	0.81	18.71	0.80	0.17	438.78	1 382.15	0.44	10.19	0.44	0.09	辅
ZYCC	572.58	1 803.63	0.57	13.30	0.57	0.12	91.28	287.54	0.09	2.12	0.09	0.02	辅
ZSCN	758.35	2 388.81	0.76	17.61	0.75	0.16	278.44	877.08	0.28	6.47	0.28	0.06	辅
ZBHH	717.48	2 260.05	0.72	16.66	0.71	0.15	293.30	923.89	0.29	6.81	0.29	0.06	辅
ZGSD	1 224.56	3 857.38	1.22	28.44	1.22	0.26	806.19	2 539.51	0.81	18.72	0.80	0.17	辅
ZBSJ	817.82	2 576.15	0.82	18.99	0.81	0.18	293.42	924.28	0.29	6.81	0.29	0.06	辅
ZBLA	431.04	1 357.79	0.43	10.01	0.43	0.09	204.75	644.95	0.20	4.75	0.20	0.04	辅

表 3-6　典型日我国主要机场群进近（终端）空域航班油耗及排放物

机场群	单位离场航班油耗及排放物/kg						单位进场航班油耗及排放物/kg					
	油耗	CO₂	SO_x	NO_x	CO	HC	油耗	CO₂	SO_x	NO_x	CO	HC
京津冀	923.81	2 910.01	0.92	21.45	0.92	0.20	678.86	2 138.42	0.68	15.76	0.68	0.15
珠三角	1 125.77	3 546.19	1.13	26.14	1.12	0.24	856.03	2 696.48	0.86	19.88	0.85	0.18
长三角	841.00	2 649.15	0.84	19.53	0.84	0.18	427.98	1 348.13	0.43	9.94	0.43	0.09
成渝	844.91	2 661.47	0.84	19.62	0.84	0.18	572.05	1 801.95	0.57	13.28	0.57	0.12

　　我国主要机场（群）终端区单位架次航班油耗和排放物对比参见表3-5和表3-6。对于我国主辅协调机场，ZGSD、ZGSZ和ZBTJ单位架次离场航班油耗排名前三，ZYTL单位架次离场航班油耗排名最小。ZBTJ、ZSSS和ZHCC单位架次进场航班油耗排名前三，ZYCC单位架次进场航班油耗最小。对于我国重要机场群，珠三角机场群单位架次进、离场航班油耗均为第一。单位航班大气污染物排放特征与油耗一致，不再赘述。

3.3.2　与航班流量的关联影响分析

　　基于前述单位架次进、离场航班油耗差异分析，考虑到将终端区航班分为两类，选择主辅协调机场作为研究对象，实证分析终端区单位航班油耗与空域流量之间的统计关系。需要说明的是，考虑油耗和排放之间的显著正相关关系，本节仅以油耗为指标展开，结果如图3-19所示。总体上，航班平均油耗/排放随着终端区拥堵程度的增加而提升，油耗/排放的增长率逐步放缓，且进场航班油耗对于空域流量更加敏感。可见，大流量状态下的进近（终端）空域绿色航迹优化具有更大潜力。

　　选择ZSSS作为典型机场，时间、终端区空域流量及单位架次进、离场航班油耗关系如图3-20所示。整体上，单位架次进、离场航班油耗与终端区空域拥堵程度变化趋势大体相同，即使在终端区空域繁忙时段，进场航班仍保持了较好的燃油效率。选取ZBAA—ZSSS航线主要机型A333，分别针对繁忙时段（10:00—13:00）内进场航班CES5104与进场航班平均油耗峰值时段（21:00—22:00）内进场航班CES5102进行对比，两架航班三维飞行剖面和采样

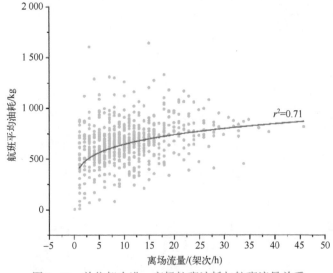

图3-19　单位架次进、离场航班油耗与航班流量关系

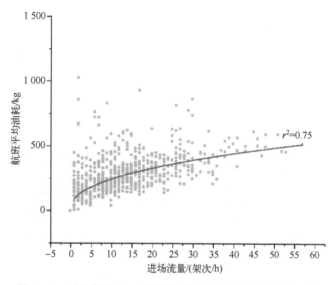

图 3-19　单位架次进、离场航班油耗与航班流量关系（续）

时间窗内的油耗如图 3-21 所示。可以看出，CES5104 在 4 500 m 以上保持较高高度和较大速度，且整个进近过程中阶梯状态次数和持续时间较长；相反，CES5102 整体高度和速度剖面的平顺性较好，进场油耗较 CES5104 减少了 158.3 kg。

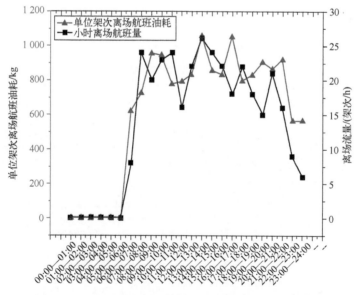

图 3-20　ZSSS 不同时段单位架次航班油耗及终端区流量

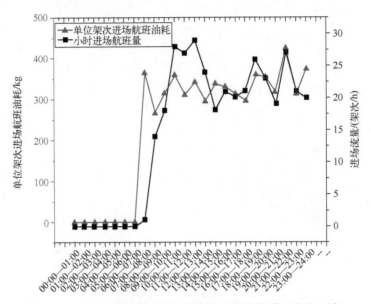

图 3-20 ZSSS 不同时段单位架次航班油耗及终端区流量（续）

同样，选取两架 A333 离场航班进行对比，三维飞行剖面及油耗如图 3-22 所示。可以看出，CES5156 整个离场过程中在 5 700 m 保持时间较长，而 CES5102 呈现典型的连续爬升特征，轨迹整体平顺性较好，离场油耗较 CES5156 减少了 494.3 kg。与复杂的进场过程相比，航空器离场爬升阶段相互影响较小，具有更强的绿色性能提升可行性。

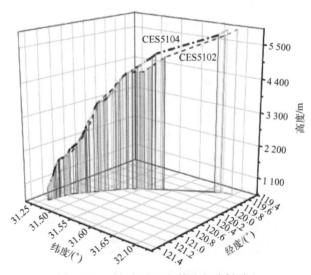

图 3-21 进场航班飞行轨迹与油耗对比

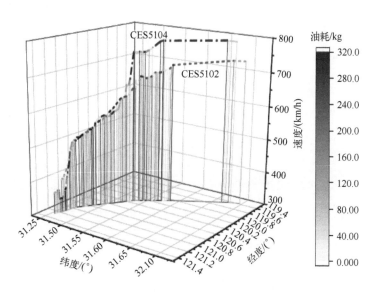

图 3-21　进场航班飞行轨迹与油耗对比（续）

　　综上，优化垂直剖面的连续性及与之匹配的经济飞行速度，对进近（终端）空域内的节油减排具有重要作用。

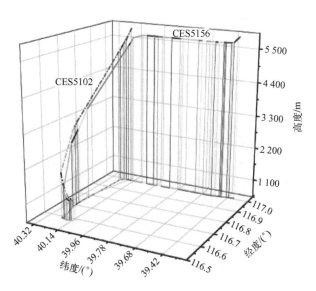

图 3-22　离场航班爬升轨迹与油耗对比

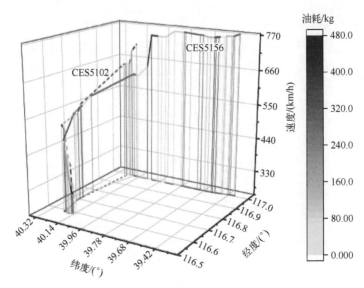

图 3-22   离场航班爬升轨迹与油耗对比（续）

3.4   本章小结

本章在宏观层面从全国、主要航线、繁忙机场（群）不同维度实证评估分析了我国绿色空中交通性能水平、影响因素、性能特征和绿色优化潜能空间，在微观层面综合对比分析不同飞行阶段（LTO/CCD）、机型（中型/宽体）、航线、机场（群）绿色空中交通性能指标的差异性、稳定性，以及对飞行里程/时间的关联性、敏感性等，对比揭示了我国航班运行绿色优化的现实意义和潜力空间（航班单位里程油耗——中国 5 kg 大于美国 2 kg）和绿色、效率、效益指标之间复杂、非一致性的关系；分别阐述了我国绿色性能水平亟待提升的重点领域（航线、机场、机型等）和优化策略；研究明确了优化路径和"速度-高度"剖面是提升绿色空中交通性能的重点方向；研究揭示了 CCD 是油耗和主要排放物产生阶段、ZSSS—ZBAA 综合环境效能最差、进场航班环境效能对流量敏感性较强、大流量情况下离场爬升阶段更具绿色性能提升可行性等实证规律，为精准治理环境影响和进一步开展绿色空中交通优化提供了实证基础和依据。

第4章 航空器爬升阶段绿色运行优化方法

基于航迹的运行（TBO）是未来航行系统的核心理念，是新一代航行技术的重要组成部分，结合我国航班运行环境，研究通过飞行轨迹的精细化管理，可以有效解决空域运行约束，优化空域资源配置，实现安全、高效、经济、绿色的空中交通运行状态。第 3 章通过绿色空中交通评估表明，在空中交通管理运行限制下，航空器爬升航迹优化对于降低油耗和发动机尾气对环境的影响来说具有较大潜力。鉴于此，本节综合考虑油耗、尾气排放对气温的影响、飞行过程的便捷性 3 个目标，建立具有多航路点约束的航空器爬升轨迹优化模型与智能算法，通过构建适应性函数，求解最优运行参数和轨迹，引入并阐明航路点所需到达时间（required time of arrival，RTA）约束窗口对航空器爬升性能的影响机理，弥补当前研究中普遍考虑燃油经济性、污染物排放量、噪声干扰性等单一绿色性能的不足，为通过优化局部航迹提升航空器燃油效率和环境友好性提供理论方法支撑。

4.1 总体思路

爬升阶段一般指航空器从机场地面 1 500 ft 高度起，按照一定的方式爬升，并增速到规定的巡航高度和巡航速度的爬升过程[243]。航空器在空中运行时，需要在相关位置上满足 ATM 发布的时间约束 RTA 以及要求到达高度约束（required height of arrival，RHA），形成无冲突飞行路径，避免空域中潜在的飞行冲突，因此，需要提前规划航空器的飞行高度、飞行距离和飞行时间。本节首先分析航空器的离场垂直爬升过程，包括爬升末段和巡航平飞开始段，假设航空器按照等表速爬升，建立航空器离场模型，并测算航空器的爬升参数和平飞参数。然后，综合考虑航空器的油耗、发动机尾气排放对气温的影响及飞行过程的便捷性，对航空器的飞行参数进行优化。最后，基于仿真案例分析多目标爬升轨迹优化模型的优化结果。研究思路框架如图 4-1 所示。

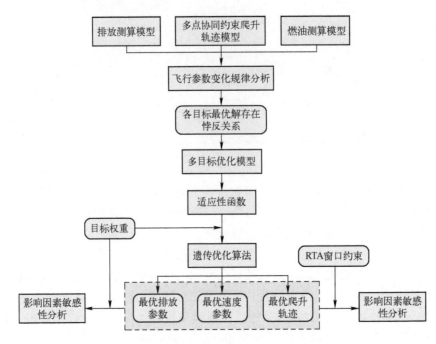

图 4-1　爬升段的绿色空中交通运行优化研究思路

4.2　航空器爬升轨迹优化模型及方法

4.2.1　多点协同约束爬升轨迹模型

由于航空器在 10 000 ft 以下飞行机动性较高，且空中交通管制干预较多，飞行的可预测性较差，因此，本书仅考虑航空器在 10 000 ft 以上的爬升阶段及航路巡航开始段。由于航空器在实际的运行过程中影响轨迹的因素较多，空中交通管理系统需要对离场的航空器调配安全间隔以保证航空器安全有序飞行，在此过程中，空中交通管理系统需要对航空器的飞行轨迹进行有效管控，在基于航迹运行中最常见的方法是为航空器发布航路点约束条件。

因此，可以抽象具有多航路点约束下的航空器离场爬升飞行过程，从点 A 开始，直至爬升到爬升顶点 TOC，然后等速平飞到 B 点结束，整个过程有多个航路点约束。如图 4-2（a）所示，R 为航空器飞行总航程，整个爬升过程可看作多个阶梯飞行过程的组合，每个约束航段可用 $C_i(i=1,2,\cdots,m)$ 表示。单个阶梯飞行距离为 R_i，它由爬升距离 $r_{c,i}$ 和巡航距离 $r_{cr,i}$ 构成。图 4-2（b）中，$t_{i,\min}$ 表示

RTA 最小时间约束；$t_{i,\max}$ 表示 RTA 最大时间约束；$h_{i,\min}$ 表示 RHA 最低高度约束；$h_{i,\max}$ 表示 RHA 最高高度约束。

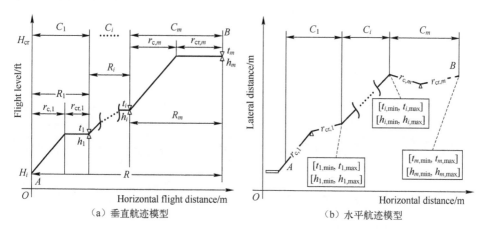

（a）垂直航迹模型　　　　　（b）水平航迹模型

图 4-2　航空器多航路点协同约束离场模型

$C_{i,j}$ 表示第 i 航段的第 $j(j=1,2,\cdots,n)$ 微元，航空器在 $C_{i,j}$ 中心点与 A 点的距离表示为：

$$r_{i,j}=\begin{cases}r_{i,j-1}+\Delta r, & r_{\mathrm{c},i}<r_{i,j-1}-R_{i-1}<R_i\\[2mm]r_{i,j-1}+\dfrac{\Delta h\times(V_{T,i,j}+V_{\dot{\mathrm{W}},\mathrm{mps},i})}{\gamma_{\mathrm{c},i,j}}, & r_{i,j-1}-R_{i-1}\leqslant r_{\mathrm{c},i}\end{cases} \tag{4-1}$$

式中，$V_{\mathrm{W,mps},i}$ 为当前航段风速（m/s）；$\gamma_{\mathrm{c},i,j}$ 为爬升率（m/s），具体如下：

$$\gamma_{\mathrm{c},i,j}=\frac{(T_{i,j}-D_{i,j})\cdot V_{\mathrm{T},i,j}}{m_{\mathrm{A},i,j}\cdot g}f\{M_{i,j}\} \tag{4-2}$$

爬升过程中航空器在纵轴上所受的力主要包括发动机推力 T_{c} 和阻力 D，式中，m_{A} 为航空器质量；重力加速度 $g=9.8\ \mathrm{m/s^2}$；$f\{M\}$ 在等表速爬升过程中具体计算公式由 BADA 给出[244]。

$C_{i,j}$ 中间点的飞行高度为：

$$h_{i,j}=\begin{cases}h_{i-1}, & r_{\mathrm{c},i}<r_{i,j-1}-R_{i-1}<R_i\\[2mm]h_{i,j-1}+\Delta h, & r_{i,j-1}-R_{i-1}\leqslant r_{\mathrm{c},i}\end{cases} \tag{4-3}$$

到达 $C_{i,j}$ 中间点的飞行时间为：

$$t_{i,j}=\begin{cases}t_{i,j-1}+\dfrac{\Delta r}{(V_{\mathrm{T},i,j}+V_{\mathrm{W,mps},i})}, & r_{\mathrm{c},i}<r_{i,j-1}-R_{i-1}<R_i\\[4mm]t_{i,j-1}+\dfrac{\Delta h}{\gamma_{\mathrm{c},i,j}}, & r_{i,j-1}-R_{i-1}\leqslant r_{\mathrm{c},i}\end{cases} \tag{4-4}$$

假设航空器在约束段内的平飞距离 $r_{cr,i}$ 为已知，则航空器爬升距离可表示为：

$$r_{c,i} = R_i - r_{cr,i} \tag{4-5}$$

多航路点协同约束下的 Δr 和 Δh 为：

$$\begin{cases} \Delta r = \min\left\{ \Delta r_0, \quad \sum_j R_{i-1} + r_{c,i} - r_{i,j-1} \right\} \\ \Delta h = \min\left\{ \Delta h_0, \quad h_{i-1} - h_{i,\min} \right\} \end{cases} \tag{4-6}$$

综上，在航路爬升阶段，航空器的航迹参数可表示为：

$$\begin{cases} \boldsymbol{R} = \begin{bmatrix} r_{1,1} & r_{1,2} & \cdots & r_{i,j} & \cdots & r_{m,n} \end{bmatrix} \\ \boldsymbol{H} = \begin{bmatrix} h_{1,1} & h_{1,2} & \cdots & h_{i,j} & \cdots & h_{m,n} \end{bmatrix} \\ \boldsymbol{T} = \begin{bmatrix} t_{1,1} & t_{1,2} & \cdots & t_{i,j} & \cdots & t_{m,n} \end{bmatrix} \end{cases} \tag{4-7}$$

式中，$\boldsymbol{R}$ 表示飞行距离矩阵，$\boldsymbol{H}$ 表示飞行高度矩阵，$\boldsymbol{T}$ 表示飞行时间矩阵。则平飞距离矩阵 $\boldsymbol{R}_{cr}$ 可表示为：

$$\boldsymbol{R}_{cr} = \begin{bmatrix} r_{cr,1} & r_{cr,2} & \cdots & r_{cr,i} & \cdots & r_{cr,m} \end{bmatrix} \tag{4-8}$$

如图 4-2（b）所示，每个约束段的 RHA 约束和 RTA 约束包含了多航路点协同约束。

RHA 约束为：

$$\boldsymbol{H}_{\text{constrain}} = \begin{bmatrix} h_{1,\max} & h_{2,\max} & \cdots & h_{i,\max} & \cdots & h_{m,\max} \\ h_{1,\min} & h_{2,\min} & \cdots & h_{i,\min} & \cdots & h_{m,\min} \end{bmatrix} \tag{4-9}$$

RTA 约束为：

$$\boldsymbol{T}_{\text{constrain}} = \begin{bmatrix} t_{1,\max} & t_{2,\max} & \cdots & t_{i,\max} & \cdots & t_{m,\max} \\ t_{1,\min} & t_{2,\min} & \cdots & t_{i,\min} & \cdots & t_{m,\min} \end{bmatrix} \tag{4-10}$$

4.2.2 多目标函数模型

在符合空管具体运行要求的前提下，需综合考虑 3 个优化目标：航空器油耗尽量少，全球总增温尽量小，航空器航段间速度变化尽量小。

空中交通管理在航空器运行中会根据系统的容流情况发布 RTA 和 RHA 约束指令，在满足飞行高度窗口的前提下，引导航空器在规定的时间窗口到达指定位置，以实现管制区域内所有航班容流平衡、运行安全有序。本书假定航空器在离场爬升飞行中的同一约束段内的速度保持不变，即在航段变化时调整速度，且满足表速变化范围。多目标优化模型具体表示为：

$$\min\left(\lambda_1 F + \lambda_2 T_E + \lambda_3 \sum_{i=2}^{m} \Delta V_{I,i} \right)$$

$$\begin{cases} h_{i,\min} \leqslant h_{i,n} \leqslant h_{i,\max} \\ t_{i,\min} \leqslant t_{i,n} \leqslant t_{i,\max} \\ V_{I,\min} \leqslant V_{I,i} \leqslant V_{I,\max} \end{cases} \qquad (4\text{--}11)$$

式中：λ_1、λ_2 和 λ_3 分别表示油耗、全球总增温、航空器航段间速度变化对优化结果影响程度的参数。

当航空器沿某一条多点协同约束离场轨迹飞行，且满足 RHA 和 RTA 约束飞行时，可根据航空器的飞行状态参数，计算离场过程中的油耗及尾气排放造成的全球总增温数据。油耗和全球总增温测度方法详见第 2.3 节。

（1）油耗（F）

$$F = \sum_{i=1}^{m} \sum_{j=1}^{n} F_{f,i,j} t_{i,j} \qquad (4\text{--}12)$$

（2）全球总增温（T_E）

飞机发动机排放所造成的全球总增温 T_E 如下：

$$T_E = \sum_{j=1}^{n} E_{x,j} \cdot \sum_{x} T_{P,x} \qquad (4\text{--}13)$$

（3）约束段间的速度变化量（V_I）

相邻航段间航空器飞行速度变化量可表示为：

$$\Delta V_{I,i} = \begin{cases} 0, & i = 1 \\ |V_{I,i} - V_{I,i-1}|, & i \neq 1 \end{cases} \qquad (4\text{--}14)$$

式中：$V_{I,i}$ 和 $V_{I,i-1}$ 分别表示航空器在第 i 和第 $i-1$ 约束段的等表速飞行时的速度。

4.2.3　适应度函数

由于优化过程需考虑 3 个优化目标。除油耗和全球总增温之外，因为较大的表速变化会对飞行便捷产生巨大影响，所以还要考虑不同的约束航段间的表速变化量。

通过设置合理的适应度函数，将多目标问题转换成单目标问题。适应度函数 f 具体可表示为：

$$f = \left(w_1 \sum_{i=1}^{m} \frac{F_i}{F_r} + w_2 \sum_{i=1}^{m} \frac{T_i}{T_r} + w_3 \sum_{i=2}^{m} \frac{\Delta V_{I,i}}{(m-1)(V_{I,\max} - V_{I,\min})} \right)^{-1} \qquad (4\text{--}15)$$

式中：w_1、w_2 和 w_3 是 3 个变量的权重，满足 $w_1 + w_2 + w_3 = 1$；F_i 和 F_r 表示航段油耗和参考油耗；T_i 和 T_r 表示全球总增温和参考全球总增温。

4.2.4　优化方法

遗传算法（genetic algorithm，GA）是一种模拟达尔文生物进化的自然选择和遗传机制来寻找最优解的计算模型。为得到在表速变化较小时满足优化目标的参数，采用多目标 GA 对各约束段内决策变量集 $\{V_{I,i}\}$ 进行优化。设置 $N_{GA}=10$，采用精英保留策略，运用轮盘赌法选择亲本，选择概率为 0.5，之后对亲本进行单点交叉和变异，设置交叉概率为 0.9，变异概率为 0.1。多点协同约束下 GA 总模型如图 4-3 所示。

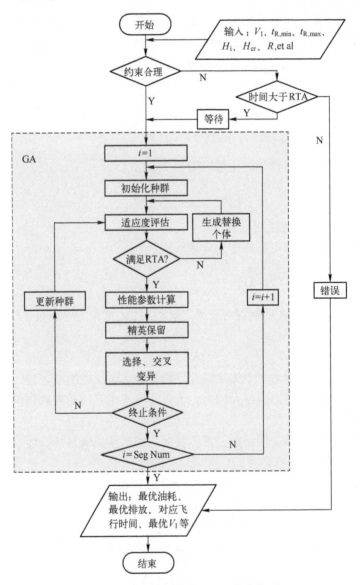

图 4-3 多点协同约束下 GA 优化模型

4.3　B737-800 爬升阶段绿色优化仿真分析

4.3.1　仿真参数设置

本书仿真案例选择 B737-800 型民航客机来进行优化，应用上文所述的优化模型对飞机的爬升进行轨迹优化。假设飞机在标准大气条件下飞行，温度偏差 $\Delta T = 0\,℃$，静风，飞行距离 $R = 150\,km$，初始质量为 $65\,000\,kg$，初始爬升高度 H_i 为 $10\,000\,ft$，爬升顶点高度（TOC）为 $27\,000\,ft$，一段微元航段内的平飞距离和爬升高度分别为 $\Delta r_0 = 1\,000\,m$，$\Delta h_0 = 1\,000\,ft$，表速的变化范围为 $200\sim310\,kt$[①]，具体设置情况如表 4-1 所示。

表 4-1　仿真基础参数

参数	温度偏差 $\Delta T/℃$	风速 /kt	飞行距离 R/km	初始质量 /kg	初始爬升高度 H_i/ft	爬升顶点高度 /ft	微元平飞距离 $\Delta r_0/m$	微元爬升高度 $\Delta h_0/ft$	表速 /kt
数据	0	0	150	65 000	10 000	27 000	1 000	1 000	200~310

各约束段距离为：

$$[R_1 \quad R_2] = [50\,000\,m \quad 100\,000\,m] \tag{4-16}$$

在已知飞行高度和距离且无 RTA 约束时，根据表速与飞行参数变化关系，设置各约束段结束高度为：

$$[h_1 \quad h_2] = [18\,000\,ft \quad 27\,000\,ft] \tag{4-17}$$

当设置 $V_{I,i}$ 的变化步长是 5 kt 时，速度变化与优化目标和排放的关系如图 4-4 所示。当飞行速度增加时，航空器的油耗、尾气排放对应的全球总增温、NO_x 排放量、CO_2 排放量总体呈现出先减小后增加的趋势，但是各部分对应的转折点是不同的。油耗最小值对应的速度在 260 kt 附近，尾气排放对应的全球总增温最低值在 280 kt 附近，由此可见，航空器的油耗和对应的发动机尾气排放之间具有悖反关系，可以使用优化方法进行折中寻优。

由于 CO_2 排放量与航空器油耗成正比，因此，如图 4-4 所示的 F 和 CO_2 排放量最小值时的 $V_{I,i}$ 均为 260 kt，但 CO_2 排放量和 T_E 最小值时的 $V_{I,i}$ 却不相同。以 20 年的 T_E 衡量，由于 CO_2 的增温与 NO_x 对温度变化总效应的降低，导致 T_E 最小时的表速不为 260 kt。

分别以 F 和 T_E 最小作为优化目标，对应的各参数变化情况如表 4-2 所示，当以 F 为优化目标时，T_E 增加了 0.69%；当以 T_E 为优化目标时，F 增加了

---

①　节（knot）的国家法定单位符号为"kn"，航空领域常用其英文名称的变体"kt"表示。

0.71%。可见总 F 与 T_E 在单一目标最优时存在一定的悖反关系，也说明了进一步多目标协同优化的必要性。

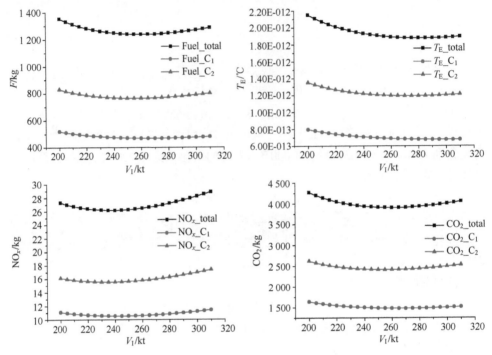

图 4-4   速度变化与优化目标和排放量关系

表 4-2 F 和 T_E 最小时飞行参数情况

条　件	V_I/kt	F/kg	$T_E/(10^{-12})℃$	NO_x/kg	CO_2/kg
总 F 最小	260	1 238.554	1.891 2	26.511	3 907.638
T_E 最小	280	1 247.401	1.878 1	27.224	3 935.552

为了分析不同表速对应的爬升轨迹变化规律，设置表速变化区间为 [200，300] kt，步长 20 kt，绘制航空器的爬升轨迹如图 4-5 所示。爬升过程中，速度越大爬升过程越平缓，而且低高度的爬升最优速度大于高高度的爬升最优速度。

4.3.2　优化结果分析

不同的权重因子对应不同的优化结果，设置不同的权重组合进行试验并分析不同取值情况下的结果。考虑算法计算的随机性，运行 5 次程序并记录不同权重因子组合情况下的优化结果，同时绘制 w_3 从 0 增长至 1 的过程中（11 种情况，5 次结果，共计 55 个点），3 个目标函数优化结果的三维图及任意两个优化目标的优化结果对比散点图，如图 4-6 所示。将 5 次结果取平均值后记录在表 4-3 中，分析 11 种不同权重组合的优化结果，如图 4-7 所示。

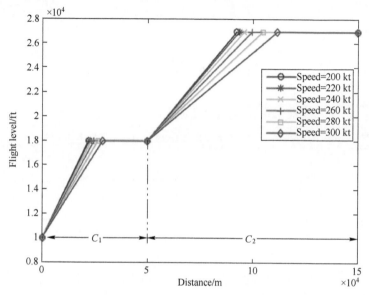

图 4-5　不同飞行速度对应的飞行轨迹

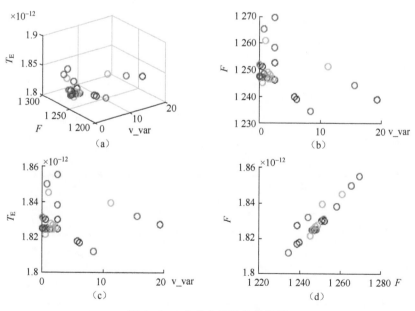

图 4-6　3 个优化目标的分析图

表 4-3 不同权重组合的优化结果

w_1	w_2	w_3	Fitness	优化结果			CO_2/kg	NO_x/kg
				V/var/kt	F/kg	T_E/℃		
0.5	0.5	0	1.011 1	14.570 5	1 245.870 0	1.833 91E-12	3 880.885 0	27.200 5
0.45	0.45	0.1	1.116 6	3.749 9	1 243.816 1	1.822 26E-12	3 874.487 3	27.324 7
0.4	0.4	0.2	1.324 7	1.704 2	1 249.454 9	1.826 63E-12	3 892.052 0	27.525 0
0.35	0.35	0.3	1.434 7	0.852 1	1 247.017 9	1.824 73E-12	3 884.460 9	27.438 7
0.3	0.3	0.4	1.672 6	0.562 5	1 253.003 9	1.832 54E-12	3 903.107 3	27.589 0
0.25	0.25	0.5	1.989 0	1.421 9	1 251.038 1	1.830 32E-12	3 896.983 8	27.532 9
0.2	0.2	0.6	2.471 7	1.419 8	1 246.665 4	1.824 66E-12	3 883.362 7	27.422 3
0.15	0.15	0.7	3.174 3	2.765 6	1 250.456 2	1.829 72E-12	3 895.171 1	27.515 2
0.1	0.1	0.8	4.813 3	1.276 1	1 263.312 0	1.848 06E-12	3 935.217 0	27.807 2
0.05	0.05	0.9	9.321 7	1.071 7	1 254.183 7	1.833 89E-12	3 906.782 3	27.622 4
0	0	1	201.452 3	0.562 5	1 245.765 8	1.822 41E-12	3 880.560 4	27.420 8

图 4-6（a）表示 3 个优化目标随着 w_3 变化的结果；图 4-6（b）表示油耗和速度变化随着 w_3 变化的变动结果；图 4-6（c）表示全球总增温和速度变化随着 w_3 变化的变动结果；图 4-6（d）表示全球总增温和油耗随着 w_3 变化的变动结果；优化结果重心位于速度变化量接近 0 的位置，而且油耗和全球总增温整体大致呈现出线性的变化趋势。

如图 4-7 所示，随着 w_3 的增加，速度变化逐渐趋于 0，优化适应度逐渐增加

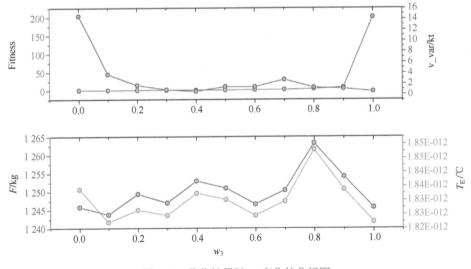

图 4-7 优化结果随 w_3 变化的分析图

并在 $w_3 = 1$ 时出现适应度快速增长的过程。油耗量和全球总增温均出现先减少后波动增加的过程。综合考虑速度变化量、油耗量和全球总增温的优化结果及优化适应度，可以判断 w_3 取值为 0.1 时，优化适应度和最优解的收敛性较好，速度变化量适中，油耗量和全球总增温数值均接近最优。

当 $w_3 = 0.1$ 时，取 w_1 和 w_2 不同组合研究分析优化结果的变化。取 w_1 的变化步长为 0.1，同样运行 5 次程序并记录 w_1 变化时每次循环的优化结果，5 次结果取平均值后记录在表 4-4 中，分析 10 种不同权重组合的优化结果，如图 4-8 所示。

表 4-4　$w_3 = 0.1$ 时的优化结果

w_1	w_2	w_3	Fitness	优 化 结 果			CO_2/kg	NO_x/kg
				V_var/kt	Fuel/kg	T_E/℃		
0	0.9	0.1	1.139 8	0.066 8	1 247.509 6	1.82E-12	3 885.992 5	27.461 5
0.1	0.8	0.1	1.133 5	1.281 2	1 246.749 6	1.82E-12	3 883.625 1	27.426 2
0.2	0.7	0.1	1.130 2	0.421 9	1 247.283 6	1.82E-12	3 885.288 4	27.451 1
0.3	0.6	0.1	1.125 3	0.906 3	1 246.977 6	1.82E-12	3 884.335 1	27.437 0
0.4	0.5	0.1	1.120 8	0.937 5	1 246.970 1	1.82E-12	3 884.311 8	27.436 3
0.45	0.45	0.1	1.117 8	1.935 9	1 247.683 3	1.83E-12	3 886.533 6	27.436 6
0.5	0.4	0.1	1.115 1	2.900 5	1 245.438 2	1.82E-12	3 879.540 1	27.372 7
0.6	0.3	0.1	1.110 1	4.034 5	1 248.945 5	1.83E-12	3 890.465 3	27.431 7
0.7	0.2	0.1	1.106 2	4.031 3	1 248.604 5	1.83E-12	3 889.403 0	27.423 9
0.8	0.1	0.1	1.102 1	3.239 6	1 261.923 6	1.85E-12	3 930.891 9	27.725 8

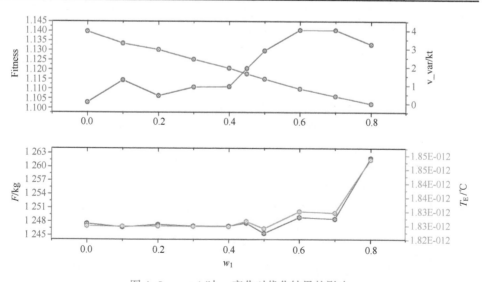

图 4-8　$w_3 = 1$ 时 w_1 变化对优化结果的影响

如图 4-8 所示，在 $w_3 = 0.1$ 时，随着 w_1 的增加适应度呈现减少趋势，速度变化量呈现增加趋势，油耗量和全球总增温先基本不变，在 $w_1 = 0.5$ 附近时，二者都达到最低点，后面随着 w_1 的增加，油耗量和全球总增温均呈现上升趋势。所以在 $w_3 = 0.1$ 时，$w_1 = 0.5$ 使得优化目标达到最优。同理，在 $w_3 = 0.1$ 时，分析 w_2 的变化对优化结果的影响，可知 $w_2 = 0.4$ 使得优化目标达到最优。

综上分析可知，3 个优化目标的权重设置为 $w_3 = 0.1$，$w_1 = 0.5$，$w_2 = 0.4$ 时，既能保障飞行的便捷性，又能对油耗量和全球总增温进行折中优化。

4.3.3　优化轨迹分析

根据 4.3.2 节的分析可知，3 个优化目标的权重设置为 $w_3 = 0.1$，$w_1 = 0.5$，$w_2 = 0.4$ 时能够使得优化效果最好，下面设置 100 代迭代过程对优化过程中的参数及优化轨迹进行分析，如图 4-9 和图 4-10 所示。

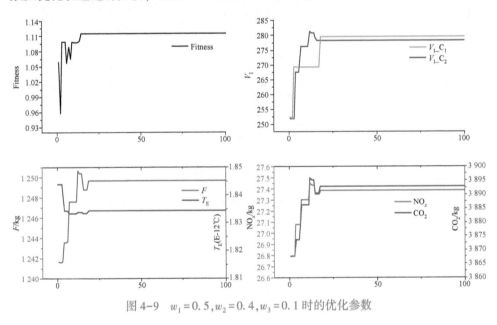

图 4-9　$w_1 = 0.5, w_2 = 0.4, w_3 = 0.1$ 时的优化参数

通过优化过程的计算参数可知，各参数在 25 代附近收敛达到最优，适应度值为 1.115 1、速度差为 2.9 kt、油耗为 1 245.438 2 kg、全球总增温为 1.82E-12℃、CO_2 排放量为 3 879.540 1 kg、NO_x 排放量为 27.372 7 kg。

4.3.4　RTA 窗口对优化结果的影响分析

在爬升轨迹中选取第三段约束作为研究对象，分别设置 RTA 约束时间窗口，见式（4-18），分别测算分析 RTA 约束时间窗口最小值和最大值变化对优化结果的影响。

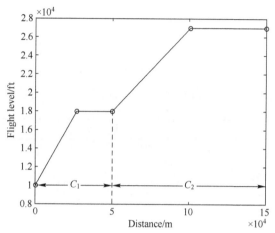

图 4-10 $w_1 = 0.5, w_2 = 0.4, w_3 = 0.1$ 时的优化轨迹

$$T_{\text{constrain}} = \begin{bmatrix} t_{1,\max} & t_{2,\max} \\ t_{1,\min} & t_{2,\min} \end{bmatrix} = \begin{bmatrix} 480 & 820 \\ 400 & 760 \end{bmatrix} \qquad (4-18)$$

1. RTA 窗口最小值变化的影响分析

当 RTA 窗口最大值取 $t_{2,\max} = 820\,\text{s}$ 时，最小值变化范围为 $\begin{bmatrix} 760 & 810 \end{bmatrix}\,\text{s}$，设置步长为 $10\,\text{s}$，$t_{2,\min}$ 变化对优化结果的影响趋势如图 4-11 所示。由图 4-11 可知，$t_{2,\min}$ 对 RTA 约束下飞行参数的优化结果影响不大，但是在 $t_{2,\min} = 800\,\text{s}$ 时出现了明显的减少现象。这是因为在满足 RTA 时间窗口时，RTA 窗口最小值越大，所

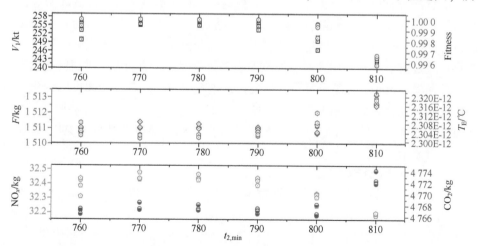

图 4-11 $t_{2,\min}$ 对优化结果的影响趋势

对应的最大飞行速度越小，在 $t_{2,\min}=800\,\text{s}$ 时，对应的最大飞行速度在 250 kt 左右。同时考虑油耗和增温最优所对应的飞行速度位于 260~280 kt，导致最后优化的飞行速度出现转变。

2. RTA 窗口最大值变化的影响分析

当 RTA 窗口最小值取 $t_{2,\min}=760\,\text{s}$，最大值变化范围为 $[770\quad820]\,\text{s}$，设置步长为 10 s，$t_{2,\max}$ 变化对优化结果的影响趋势如图 4-12 所示。随着 $t_{2,\max}$ 的增大，优化所得适应度也呈现逐渐增加的趋势，而且在后半段有上升趋势。

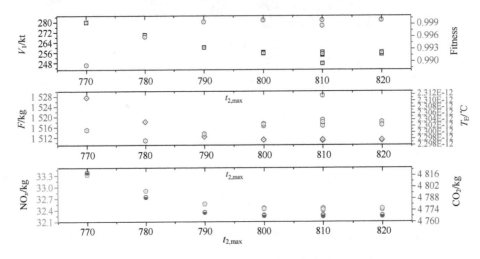

图 4-12 $t_{2,\max}$ 对优化结果的影响趋势

航空器的油耗与飞行速度的变化趋势基本一致，都是呈现下降的趋势，而且在 $t_{2,\max}$ 小于 800 s 前下降趋势明显，而后发生转折。这主要是因为随着时间窗口的后移，航空器的飞行速度越来越靠近最优飞行速度。T_E 表现为先降低后增加的趋势，这是由于当 $t_{2,\max}$ 增大时，航空器的飞行速度最小值变大，进而影响航空器的油耗和随之带来的全球总增温发生变化，这就解释了随着飞行速度的变化，航空器的油耗和全球总增温的变化趋势是不同的。$t_{2,\max}$ 从 770 s 开始增加到 820 s，相对应的油耗减少约 1.1%，CO_2 排放量约减少 2.6%，NO_x 约减少 1.1%，造成的全球总增温增加不足 1%。

综上，本章研究主要结论如下。

（1）航空器的爬升过程中，随着速度的变化，油耗和发动机尾气所带来的全球总增温变化趋势有所不同。当以总 F 为优化目标时，T_E 增加了 0.69%；当以 T_E 为优化目标时，F 增加了 0.71%。需要权衡 F 和 T_E 实现多目标协同优化。

（2）爬升过程中，速度越大爬升过程越平缓，而且低高度的爬升最优速度大于高高度的最优速度。

（3）3 个优化目标的权重设置为 $w_3 = 0.1$，$w_1 = 0.5$，$w_2 = 0.4$ 时，既能保障飞行的便捷性，又能对油耗和全球总增温进行折中优化。

（4）通过调整 w_1，油耗可减少约 1.4%，全球总增温约增加 1.1%，CO_2 排放约降低 1.4%，NO_x 排放约降低 3%。

（5）RTA 最大时间窗口的增加会导致油耗减少，而尾气带来的全球总增温呈现先下降后上升的趋势，$t_{2,max}$ 在 $[760 \quad 810]$ s 区间内，可通过速度调整实现油耗减少约 1.1%，CO_2 排放量减少约 2.6%，NO_x 减少约 1.1%，全球总增温增长小于 1%。RTA 窗口最小值的取值对优化所得飞行参数影响不大。

4.4 本章小结

本章针对多航路点约束情况建立了航空器离场爬升阶段的轨迹模型，综合考虑油耗、排放带来的全球总增温、航段速度变化 3 个目标，设置了合理的适应度函数，设计了遗传算法优化模型，基于仿真测试求解最优飞行参数和优化航迹，并对目标权重和 RTA 窗口对优化结果的影响进行了敏感性分析。根据本章研究的内容和结果，可以对未来基于航迹运行模式下，航空器爬升过程中所涉及的进近（终端）空域和中高空的安全、绿色、协调运行提供相关理论与方法支撑。然而，空中交通运行涉及起飞、爬升、巡航、下降、着落等多个飞行阶段，需进一步考虑多阶段绿色航迹规划之间的耦合性，以及在空中交通扇区拥堵对绿色性能影响的情况下，开展覆盖全航程的航班绿色航迹多目标优化，全面深入地探索空中交通绿色综合性能的提升潜力。

第5章 航空器飞行全阶段绿色运行优化方法

航空器油耗除了受自身气动构型和气象条件影响外，还对高度、速度、飞行距离等飞行轨迹剖面参数具有显著的敏感性。本章权衡油耗和飞行时间，构建了3个多目标混合整数规划模型，包括城市对理想四维航迹优化模型、容量约束下的固定路径和可选路径航迹优化模型，并探究不同场景下航迹优化对城市对飞行油耗的改善潜力上限，以解决空中交通管理绿色发展目标和优化路径制定的难点问题。最后，基于综合评价方法进一步剖析空域拥堵时空特征对航迹优化的影响。

5.1 基于固定路径的航空器四维轨迹优化模型

5.1.1 决策变量

在固定飞行路径的前提下，优化飞行垂直剖面与速度剖面是四维航迹优化问题的核心。鉴于此，本节设置决策变量为航空器 α 在节点 i 的速度 v_i^α 和高度 h_i^α。需要说明的是，节点 i 表示将预设的飞行路径以 1 km 为单位离散后每一航段的起点。

5.1.2 目标函数

基于固定路径的四维轨迹优化模型（Model Ⅰ）旨在满足航空器自身性能约束与空中交通管理对航行诸元素的限制的前提下，基于预设的水平飞行路径，为航空器规划经济的飞行垂直剖面与速度剖面。此外，城市对之间的航段飞行时间也是航空公司进行飞行计划制订和机组排班所要考虑的重点因素。故本节建立油耗和飞行时间双重目标，一方面考察二者的权衡关系，另一方面也用于分析航段飞行时间调整对油耗改善潜力的影响。目标函数如式（5-1）所示。

$$\min\left\{ \sum_i F_{i_n,i_{n+1}}^\alpha, \sum_i t_{i_n,i_{n+1}}^\alpha \right\} \quad \forall \alpha \in A, \ \forall i \in I \tag{5-1}$$

其中，α 表示航空器；A 表示航空器集合；i 表示节点，I 表示节点集合；$F_{i_n,i_{n+1}}^\alpha$ 与 $t_{i_n,i_{n+1}}^\alpha$ 分别表示航空器 α 在航段 $i_n \rightarrow i_{n+1}$ 上的油耗和时间。

5.1.3　约束条件

1. 高度约束

为确保飞行安全，在飞行过程中，航空器自身气动性能与管制规定对飞行高度具有双重约束，如式（5-2）所示。

$$h_{i,\text{controlmin}}^{\alpha} \leqslant h_i^{\alpha} \leqslant \min\{h_{i,\text{controlmax}}^{\alpha}, h_{\max}^{\alpha}\} \qquad \forall \alpha \in A, \ \forall i \in I \qquad (5\text{-}2)$$

其中，$h_{\max}^{\alpha}$ 表示航空器在性能约束下的升限，$h_{i,\text{controlmin}}^{\alpha}$ 和 $h_{i,\text{controlmax}}^{\alpha}$ 分别表示空中交通管理部门规定航空器在节点处的最小和最大高度。

特别地，对于在区域管制扇区飞行的航空器，为确保飞行安全，飞行高度层必须根据航路走向，依照"东单西双"配置，如式（5-3）所示。

$$h^{\alpha}/100 = \begin{cases} 2N, & \text{向西飞} \\ 2N+1, & \text{向东飞} \end{cases}, \qquad \forall \alpha \in A, \ N \in \{0,1,2,\cdots\} \qquad (5\text{-}3)$$

2. 速度约束

与高度约束相同，航空器自身气动性能与管制规定对飞行速度具有双重约束，如式（5-4）所示。

$$\max\{v_{i,\text{controlmin}}^{\alpha}, v_{i,\min}^{\alpha}\} \leqslant v_i^{\alpha} \leqslant \min\{v_{i,\text{controlmax}}^{\alpha}, v_{i,\max}^{\alpha}\} \qquad \forall \alpha \in A, \ \forall i \in I \qquad (5\text{-}4)$$

其中，$v_{i,\min}^{\alpha}$ 和 $v_{i,\max}^{\alpha}$ 分别表示航空器 α 在节点 i 在性能约束下的最小和最大速度；$v_{i,\text{controlmin}}^{\alpha}$ 和 $v_{i,\text{controlmax}}^{\alpha}$ 分别表示空中交通管理部门规定航空器 α 在节点 i 处的最小和最大速度。

特别地，航空器加速度对飞行安全和乘客舒适度具有显著的正相关性，需要进行专门限制，如式（5-5）所示。

$$\frac{v_{i_{n+1}}^2 - v_{i_n}^2}{2 \cdot d} \leqslant a_{i_n, i_{n+1}} \qquad (5\text{-}5)$$

其中，d 为两个节点间的距离；$a_{i_n, i_{n+1}} = 0.609\,6\ \text{m/s}^2$ 为航空器最大纵向加速度，其值从 BADA 飞行性能数据库中提取。

3. 爬升/下降性能约束

受到飞行性能限制，航空器爬升/下降率均不能超过其可接受的阈值，如式（5-6）所示。

$$\frac{|h_{i_{n+1}}^{\alpha} - h_{i_n}^{\alpha}|}{t_{i_n, i_{n+1}}^{\alpha}} \leqslant x_{i_n, i_{n+1}}^{\alpha} \text{CL}_{\max}^{\alpha} + y_{i_n, i_{n+1}}^{\alpha} \text{DE}_{\max}^{\alpha} \quad \forall \alpha \in A, \forall i \in I \qquad (5\text{-}6)$$

其中，$\text{CL}_{\max}^{\alpha}$ 和 $\text{DE}_{\max}^{\alpha}$ 分别为航空器最大爬升/下降率；$x_{i_n, i_{n+1}}^{\alpha}$ 和 $y_{i_n, i_{n+1}}^{\alpha}$ 分别为航空器爬升/下降状态标识变量，如式（5-7）所示。

$$\begin{cases} x^{\alpha}_{i_n,i_{n+1}} = \begin{cases} 1, & h^{\alpha}_{i_{n+1}} - h^{\alpha}_{i_n} > 0 \\ 0, & 其他 \end{cases} \\ y^{\alpha}_{i_n,i_{n+1}} = \begin{cases} 1, & h^{\alpha}_{i_{n+1}} - h^{\alpha}_{i_n} < 0 \\ 0, & 其他 \end{cases} \end{cases} \tag{5-7}$$

4. 时效性约束

飞行时间对航空公司的效益具有显著影响。鉴于此，将飞行时间限定在一定的范围内，能够提高航空公司对经济航迹的接受程度，如式（5-8）所示。

$$MAA \leqslant \sum_i t^{\alpha}_{i_n,i_{n+1}} - STF^{\alpha} \leqslant MAD \quad \forall \alpha \in A, \forall i \in I \tag{5-8}$$

其中，STF^{α} 表示航空器 α 的标准空中飞行时间（standard airborne time of flight, SATF），其值从飞行计划和协同放行决策（collaborative decision making, CDM）系统中提取；MAD 为正数，表示航班最大可接受延误（maximum acceptable delay, MAD）；MAA 为负数，表示航班最大可接受提前量（maximum acceptable advance, MAA）。

5.2　容量约束下基于固定路径的航空器飞行轨迹优化模型

在起飞前，通过整合、分析气象数据、空域资源与航班运行信息，协同放行决策（CDM）系统能够安排较为合理的航班起飞序列与时隙，实现空中交通供需平衡。然而，空域扇区容流平衡管理对气象条件与人为因素等具有显著的敏感性，扇区实际可用时隙与航班计划进入时隙偏移的现象时有发生。在基于航迹运行中，航空器基于各方实时运行信息，通过重新规划垂直剖面与飞行速度改变进入拥堵扇区的时间，确保扇区容流平衡的实现。因此，以 Model Ⅰ 中的理想水平路径为基础，建立容量受限下的固定路径四维航迹多目标优化模型（Model Ⅱ），剖析刚性航路结构下空域拥挤对燃油效率改善的影响程度。

5.2.1　决策变量

v^{α}_i，h^{α}_i 的含义与 Model Ⅰ 相同。

5.2.2　目标函数

Model Ⅱ 是基于 Model Ⅰ 构建的，目标函数的含义和表示形式与式（5-1）相同。

5.2.3　约束条件

Model Ⅱ 中的高度约束、速度约束、爬升下降约束和时效性约束的含义和表达形式与 Model Ⅰ 相同，如式（5-6）~式（5-8）所示。由于容量限制，该模型保证航空器在可用时隙内进入扇区，如式（5-9）所示。

$$\tau_{i'}^{\alpha} \in T_s \quad \forall \alpha \in A, \forall i' \in I, \forall s \in S \tag{5-9}$$

其中，i' 表示进入扇区 s 的节点；$\tau_{i'}^{\alpha}$ 表示航空器 α 飞越节点 i' 的时间；T_s 表示扇区 s 允许进入的时间窗集合；S 表示扇区集合。

5.3　容量约束下基于多路径的飞行轨迹优化模型

相对于 Model Ⅰ 与 Model Ⅱ，容量约束下基于多路径的飞行轨迹优化模型（Model Ⅲ）不再对航空器的飞行路径进行限制，而是允许航空器自主选择飞行路径，探讨空域柔性化对改善航空器燃油效率的正面作用。需要注意的是，航空器可选飞行路径空间从历史运行数据中提取，具有有限性。

5.3.1　决策变量

v_j^{α}，h_j^{α} 的含义与 Model Ⅰ 中相同。为标识航空器 α 是否经过节点 j，引入 0-1 变量 z_j^{α}，如式（5-10）所示。

$$z_j^{\alpha} = \begin{cases} 1, & \text{航空器 } \alpha \text{ 飞越节点 } j \\ 0, & \text{其他} \end{cases} \tag{5-10}$$

进一步，为标识航空器飞越节点之间的连通性，引入 0-1 变量 $\gamma_{j_n, j_{n+1}}^{\alpha}$ 表示航空器是否选择由节点组成的连边飞行。令任意两个节点为 j_n 和 j_{n+1}，则：

$$\gamma_{j_n, j_{n+1}}^{\alpha} = \begin{cases} 1, & \text{航班 } \alpha \text{ 经过 } j_n \rightarrow j_{n+1} \text{航段} \\ 0, & \text{其他} \end{cases}, \quad \text{其中 } e[j_n, j_{n+1}] = 1 \tag{5-11}$$

5.3.2　目标函数

Model Ⅲ 通过协同规划航空器水平飞行路径、飞行高度与飞行速度，优化飞行时间和油耗，如式（5-12）所示。

$$\min \left\{ \sum_j F_{j, \mathbb{C}(j)}^{\alpha} \gamma_{j, \mathbb{C}(j)}^{\alpha}, \sum_j t_{j, \mathbb{C}(j)}^{\alpha} \gamma_{j, \mathbb{C}(j)}^{\alpha} \right\} \tag{5-12}$$

其中，$\mathbb{C}(j)$ 表示与节点 j 连通的节点。

5.3.3　约束条件

Model Ⅲ 约束条件依据网络连通性特征，对 Model Ⅱ 的约束进行变形和扩充。对于 $\forall \alpha \in A$，$\forall j' \in V$，$\forall s \in S$，约束条件如式（5-13）~ 式（5-19）所示。

$$e[j, \mathbb{C}(j)] = 1 \tag{5-13}$$

$$\sum_{j \in V} \gamma_{j, \mathbb{C}(j)}^{\alpha} = 1, \quad j \in \{ j \mid z_j^{\alpha} = 1 \} \tag{5-14}$$

$$\max\left\{v_{j,\text{controlmin}}^{\alpha},v_{j,\min}^{\alpha}\right\}\le z_{j}^{\alpha}v_{j}^{\alpha}\le\min\left\{v_{j,\text{controlmax}}^{\alpha},v_{j,\max}^{\alpha}\right\} \tag{5-15}$$

$$h_{j,\text{controlmin}}^{\alpha}\le z_{j}^{\alpha}h_{j}^{\alpha}\le\min\left\{h_{j,\text{controlmax}}^{\alpha},h_{\max}^{\alpha}\right\} \tag{5-16}$$

$$\gamma_{j,\text{C}(j)}^{\alpha}t_{j,\text{C}(j)}^{\alpha}\left(x_{j,\text{C}(j)}^{\alpha}\text{CL}_{\max}^{\alpha}+y_{j,\text{C}(j)}^{\alpha}\text{DE}_{\max}^{\alpha}\right)\ge\gamma_{j,\text{C}(j)}^{\alpha}\left|h_{\text{C}(j)}^{\alpha}-h_{j}^{\alpha}\right| \tag{5-17}$$

$$\text{MAA}\le\sum_{j}\gamma_{j,\text{C}(j)}^{\alpha}t_{j,\text{C}(j)}^{\alpha}-\text{STF}^{\alpha}\le\text{MAD} \tag{5-18}$$

$$z_{j'}^{\alpha}\tau_{j'}^{\alpha}\in T_{s} \tag{5-19}$$

其中，式（5-13）为连通性约束，航空器所选的路径中的相邻节点必须在网络中相连；式（5-14）为唯一性约束，航空器经过任意一点后的下一节点有且仅有一个；式（5-15）~式（5-19）分别为速度约束、高度约束、爬升/下降性能约束、时效性约束和扇区可用时隙约束，与 Model Ⅰ相同，不再赘述。

5.4 优化方法

对于本节提出的航迹优化模型，作为决策变量的飞行高度与速度之间存在显著耦合制约关系，难以在多项式时间内得到和验证解，故采用启发式算法进行求解[245]。遗传算法是一种自然选择、遗传和变异的、完善的随机搜索算法，为求解复杂的优化问题提供了一个通用的框架，目前已经在许多学科中都得到了成功的运用。研究结果表明，对于多目标优化问题，基于精英保留策略的非支配排序遗传算法（non-dominated sorting genetic algorithm-Ⅱ，NSGA-Ⅱ）具有综合优势，能够快速收敛到接近真正的帕累托最优解[246][248]，故本书采用 NSGA-Ⅱ 对模型进行求解，算法步骤如图 5-1 所示。

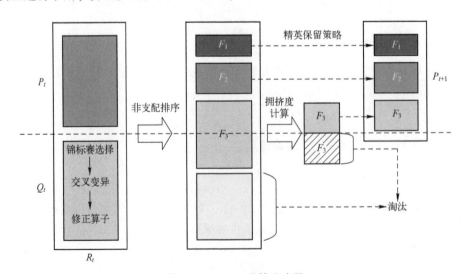

图 5-1　NSGA-Ⅱ算法步骤

针对该问题，对 NSGA-Ⅱ 的编码方式、初始种群生成与遗传算子作适应性改进，非支配排序和拥挤距离排序方式保持不变。算法改进如下。

1. 编码

染色体编码方式如图 5-2 所示。对于固定路径交通场景，基因采用整数编码，表示起讫节点间航空器在每一节点的飞行高度与飞行速度，如图 5-2（a）所示。对于可选路径交通场景，为了协同规划飞行路径、飞行高度与飞行速度，本节提出了双层染色体编码方式，如图 5-2（b）所示。第一层染色体表征飞行路径，为基于决策变量 $\gamma_{j_n, j_{n+1}}$ 的 0-1 矩阵。绿色的基因表示根据邻接矩阵 $\Theta = e[i_n, i_{n+1}]$，节点 j_n 与 j_{n+1} 之间具备连通性；否则，节点之间不具备连通性，基因被编码为 0，在后续的遗传操作中不会被改变。第二层染色体表征航空器的飞行高度与速度，编码方式与固定路径交通场景下相同。需要注意的是，飞行路径的改变会引起节点数量的变化，故又影响第二层染色体的长度。

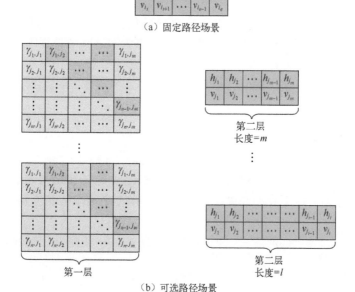

（a）固定路径场景

（b）可选路径场景

图 5-2　染色体编码方式

2. 初始种群

良好的初始解空间对于遗传算法搜索、迭代求解的效率具有显著性影响。对于固定路径交通场景，本节将历史航迹数据作为初始解，形成初始种群进行轨迹路径优化，获得帕累托前沿解；对于可选路径交通场景，本书随机选取单条路径的帕累托前沿解组合成为多条路径优化的个体，继而形成初始种群，以此提高求解效率。需要注意的是，在实际运行中，气象要素、航空器气动构型变化和人为因素导致垂直剖面与飞行速度的波动较大，对算法的求解效率影响甚大。因此，为求解理想情况下的"高度-速度"剖面，本节对从历史航迹数据中提取到的飞行高度和飞行速度作平滑处理[250]。

3. 遗传操作

（1）交叉算子

① 针对固定路径交通场景，随机选择两条染色体，在随机点位分割并交换决策变量（飞行高度与飞行速度）。

② 针对可选路径交通场景，由本节提出的"路径-剖面"双层染色体，设计了两种染色体交叉方式。当需要交叉的两条染色体飞行路径相同时，交叉方式与固定路径交通场景相同；当需要交叉的两条染色体飞行路径不同时，第一层染色体交叉并联动调整第二层染色体改变。需要注意的是，对于第二种交叉方式，只有当交叉点位是航路网络中的分叉节点时才会发生。因此，为了提高运算效率且保证交叉后节点仍然连通，交叉节点根据第一层染色体从航路网络的分叉节点中随机选择。

（2）变异算子

在遗传算法中，变异算子通过随机改变染色体上的基因增加解空间的多样性，防止陷入早熟或局部最优。假定变异的节点为 i_m，本节根据不同飞行阶段的特点设计了两种变异算子。

① 当航空器爬升或下降时，根据式（5-20）进行变异，i_m 处的高度和速度分别用 $h_{i_m}^{\alpha'}$ 和 $v_{i_m}^{\alpha'}$ 替代。

$$\begin{cases} h_{i_m}^{\alpha'} \sim N(h_{i_m\min}^{\alpha}, h_{i_m\max}^{\alpha}) \\ v_{i_m}^{\alpha'} \sim N(v_{i_m\min}^{\alpha}, v_{i_m\max}^{\alpha}) \end{cases} \tag{5-20}$$

其中，$[h_{i_m\min}^{\alpha}, h_{i_m\max}^{\alpha}]$ 与 $[v_{i_m\min}^{\alpha}, v_{i_m\max}^{\alpha}]$ 分别为 i_m 处高度和速度的取值范围，其值根据 i_m 前序与后序节点的高度、速度及从 BADA 中提取的航空器爬升/下降率计算得到。

② 当航空器处于巡航阶段，根据式（5-21）对 i_m 处的基因片段以相同的概率变异。

$$\begin{cases} h_{i_m}^{\alpha'} = h_{i_m}^{\alpha} \pm r_h \\ v_{i_m}^{\alpha'} = v_{i_m}^{\alpha} \pm r_v \end{cases} \tag{5-21}$$

（3）修正算子

由于航空器的飞行高度与飞行速度存在复杂的耦合制约特性，对染色体进行交叉、变异极易导致子代染色体无法满足性能约束，影响求解效率。以高度剖面为例，如图 5-3 所示，其中 i_c 为交叉节点，为变异节点，蓝色实线是父代染色体的飞行高度剖面，红色实线是子代染色体的飞行高度剖面。显然，经过遗传操作，飞行高度剖面出现违背飞行性能的突变。针对该问题，本节设计了修正算子。对于子代个体，若进行遗传操作后仍满足各类约束条件，则保持不变，反之则根据修正算子对染色体进行修正。

本节以高度剖面为例说明修正算子，针对交叉造成染色体不可行的修正方式如图 5-3（a）所示。首先，比较 v_{i_c} 与 v_{i_k} 的关系。如果 $v_{i_c} < v_{i_k}$，$v_{i_c} = v_{i_k}$ 或 $v_{i_c} > v_{i_k}$，则假定航空器在航段 $i_c \rightarrow i_k$ 分别作加速爬升、等速爬升和减速爬升，并从 BADA 飞行性能数据库中提取飞行性能模型及爬升率等相关参数计算并修正航空器的飞行高度与速度，直到航空器在节点 i_k 到达高度 h'_{i_c} 时修正结束。该修正算子对变异产生的高度骤降也同样适用。

针对交叉造成染色体不可行的修正方式如图 5-3（b）和图 5-3（c）所示。首先，判断在巡航阶段是否存在 $h_{i_l} > h_{i_m}$。若存在，修正过程如图 5-3（b）所示：在航段 $i_m \rightarrow i_k$，修正方式与交叉修正算子一致，如图 5-3（a）所示，不再赘述。随后，航空器在航段 $i_k \rightarrow i_l$ 保持匀速平飞，修正结束。该修正算子对巡航阶段存在 $h_{i_l} < h_{i_m}$ 也同样适用。

如果航空器在 i_m 后以固定高度巡航，修正过程如图 5-3（c）所示。从 i_m 开始，根据式（5-1）~式（5-10）及 BADA 推荐的爬升率计算并修正航空器在后续节点的高度和速度。当 $h_{i_k} = h'_{i_m}$ 后，航空器以该巡航高度匀速飞行直到下降顶

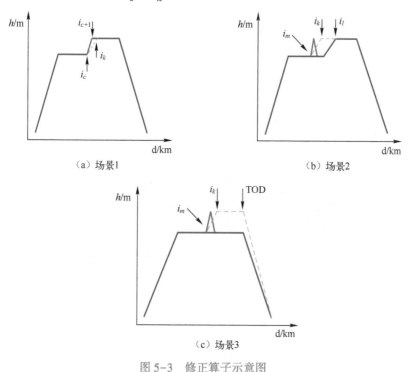

（a）场景1　　　　　　　　　　（b）场景2

（c）场景3

图 5-3　修正算子示意图

点（top of decent，TOD）。随后根据式（5-1）~式（5-10）及 BADA 推荐的下降率推算后续节点的高度和速度，直到到达目的机场修正结束。该修正算子对变异产生的高度骤降也同样适用。

4. 非支配排序和拥挤距离排序

非支配排序方法对种群内的所有个体进行快速分层，形成多个不同等级的帕累托前沿。拥挤度用于衡量同一非支配解前沿上从一个解到相邻两个解的距离。

5. 终止条件

通过设置最大迭代次数和检验每一代种群的收敛结果两种方式来终止算法。当种群中帕累托最优前沿解的数量超过种群规模的 80% 以上时，算法自动停止。

5.5 上海虹桥—北京首都绿色优化实证分析

5.5.1 基本参数

本书选择中国最繁忙的航线之一——ZSSS—ZBAA 作为研究对象，该航路航线及其所经过扇区如图 5-4 所示。其中，航路点数据主要包括航路点的经度、纬度和航路点之间的连接关系，形成基本城市对航路航线网络结构。需要说明的是，本节提出的全航程四维航迹优化问题关注航空器飞行轨迹的优化，忽略航空器在机场场面推出、滑行等细节。在本节中，在某一时段内容流失衡、需要控制

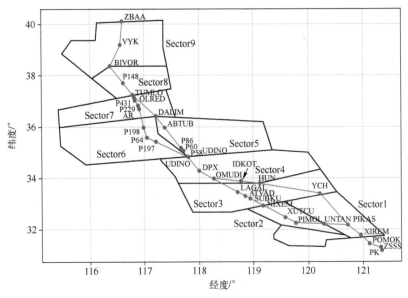

图 5-4　ZSSS—ZBAA 航线及其所经过扇区

航空器进入时间的区域被称为繁忙区域（Hotspot）[251]。通过提取、分析历史空中交通数据，Sector5 与 Sector6 被识别为 Hotspot。城市对航线数据及运行限制如表 5-1 和表 5-2 所示。

表 5-1　ZSSS—ZBAA 航路点信息

航线代号	航　路　点	水平距离/km	穿过扇区（Hotspot）
Route1	ZSSS、PK、POMOK、XIREM、PIKAS、UNTAN、PIMOL、XUTCU、NIXEM、SUBKU、ATVAD、LAGAL、OMUDI、DPX、UDINO、P58、P60、P86、ABTUB、DALIM、TUMLO、P148、BIVOR、VYK、ZBAA	1 248	Sector5
Route2	ZSSS、PK、POMOK、XIREM、PIKAS、YCH、HUN、IDKOT、OMU-DI、DPX、UDINO、P58、P60、P86、ABTUB、DALIM、TUMLO、P148、BIVOR、VYK、ZBAA	1 256	Sector5
Route3	ZSSS、PK、POMOK、XIREM、PIKAS、UNTAN、PIMOL、XUTCU、NIXEM、SUBKU、ATVAD、LAGAL、OMUDI、DPX、UDINO、P58、P197、P64、P198、AR、P229、P431、OLRED、TUMLO、P148、BIVOR、VYK、ZBAA	1 260	Sector6
Route4	ZSSS、PK、POMOK、XIREM、PIKAS、YCH、HUN、IDKOT、OMU-DI、DPX、UDINO、P58、P197、P64、P198、AR、P229、P431、OLRED、TUMLO、P148、BIVOR、VYK、ZBAA	1 268	Sector6

表 5-2　ZSSS—ZBAA 飞行过程限制条件

描　述	限 制 信 息
PD065	高度不低于 1 800 m，速度不高于 250 kt
PK	高度不低于 3 000 m
SS073	高度不低于 4 800 m
航路最低安全高度	不低于 2 184 m
VYK	高度不低于 5 100 m
AA121	高度不低于 3 000 m，速度不高于 250 kt
AA122	速度不高于 220 kt

5.5.2　性能参数

2019 年，空客 A333 是 ZSSS—ZBAA 航线上最常用的机型（占航班总数的 37%）。因此，选择空客 A333 作为研究对象，其基本性能参数如表 5-3 所示。

表 5-3　空客 A333 基本参数

性 能 参 数	值
参考质量/kg	174 000
机翼面积/m²	361.6

性 能 参 数	值
寄生阻力系数 C_{D_0}	0.019 805
诱导阻力系数 C_{D_2}	0.031 875
第一推力比油耗系数 C_{f_1}	0.615 03
第二推力比油耗系数 C_{f_2}	919.03
巡航阶段燃油流率修正因子 $C_{f_{cr}}$	0.936 55

5.5.3 优化参数

实验采用 Python 3.6.3 进行编程求解。算法相关参数设计如下：种群数量为 1 000，最大迭代次数为 100，变异概率为 0.1，交叉概率为 0.95，$r_h = 600\,\text{m}$，$r_v = 1\,\text{m/s}$，STF = 105 min，MAD = 10 min，MAA = −5 min。

相关研究选取了多目标粒子群算法和强帕累托支配算法这两种应用广泛的多目标优化算法，采用世代距离（generational distance，GD）、反世代距离（inverted generational distance，IGD）、最大前置误差（maximum pareto front error，MPFE）和超体积（hypervolume，HV）4 类评价指标，对比验证了 NSGA-Ⅱ 在该问题中求解的优越性，能够高效、准确地收敛到帕累托最优解集附近。具体过程参见文献［252］。

飞行高度层是影响航空器燃油效率的重要因素之一。一般地，在保证飞行安全的前提下，航空器飞得越高，空气密度也就越低，航空器受到的阻力就越小，就越省油。考虑到空中交通管理部门对优化后航空器飞行高度层的可接受水平，从历史运行数据中提取飞行高度数据开展分析，结果如图 5-5 与表 5-4 所示。结

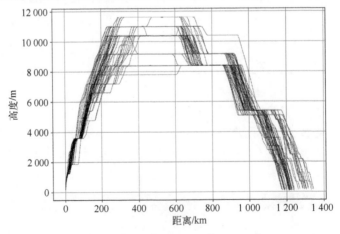

图 5-5 典型日该周内空客 A333 飞行高度剖面

果表明，对于 ZSSS—ZBAA，在到达 TOD 之前，由管制员指挥航空器下降高度具有普遍性，且指挥航空器下降到 8 400 m 和 9 200 m 占比达到了 98.3%。因此，对于优化后的飞行轨迹，在到达 TOD 之前需要下降到 8 400 m 或 9 200 m，航空器开始下降的节点从历史数据中提取。

表 5-4　典型日该周内空客 A333 飞行高度层选择

巡航高度层/m	比　　例	TOD 前平飞高度层/m	比　　例
7 800	1.7%	—	—
8 400	13.8%	8 400	60.4%
9 200	8.6%	9 200	37.9%
10 400	34.5%	10 400	1.7%
11 000	32.8%	—	—
11 600	13.6%	—	—

5.5.4　优化结果分析

1. 基于固定路径的理想轨迹优化分析

各条路线帕累托最优前端解如图 5-6 所示，红色的水平直线表示标准飞行时间参考基线。结果表明，飞行时间对于油耗具有显著影响，且在限定时间区间内总体呈现斜率相近的线性的权衡关系，即每提前 1 min 需要额外消耗约 118.8 kg 燃油。同时，在不考虑容量约束的情况下，飞行距离对帕累托前端位置具有绝对性影响，即随着飞行距离递增，相同飞行时间下油耗逐步增加，相同油耗下的飞行时间加

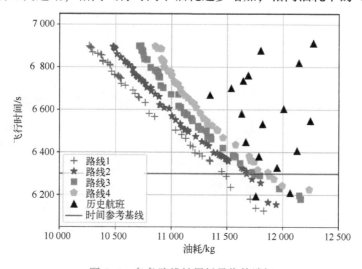

图 5-6　各条路线帕累托最优前端解

长，每千米需要额外消耗 23.6 kg 燃油。显然，在相同运行限制和优化环境下，水平路径较长的前端解中的任意一个解，都不可能在燃油和飞行时间方面同时优于其他较短路径的前端解。此外，需要注意的是，随着飞行距离的增加，帕累托前端开始出现拐点，即随着飞行距离的增加，航空器到达目的机场的提前空间逐步减小。可以看出，官方标准飞行时间并没有给航班留有过多的提前到达空间。

针对油耗与飞行时间的权衡空间，本节对航空器飞行过程中的高度、速度参数展开分析。图 5-7 所示为 Route1 的油耗最小解（轨迹 1）与时间最小解（轨迹 2）对应的垂直飞行剖面与历史飞行轨迹的对比图，其中红色粗实线代表轨迹 1，蓝色粗实线代表轨迹 2，黑色虚线代表典型日当天 A333 历史轨迹。结果表明，优化后的飞行轨迹在爬升与下降阶段均呈现典型的连续爬升、下降特征，在巡航阶段以较高高度飞行，且轨迹整体平顺性较好，故相较历史飞行减少了油耗。此外，如图 5-7 所示，油耗最优解和时间最优解均以 11 600 m 巡航且在 TOD 前下降到 8 400 m，巡航速度分别为 201 m/s 与 230 m/s，轨迹 1 相较于轨迹 2 油耗减少了 1 645.3 kg。显然，油耗差异来自速度的变化。在满足时效性限制下，高高度低速度巡航可以显著降低油耗。

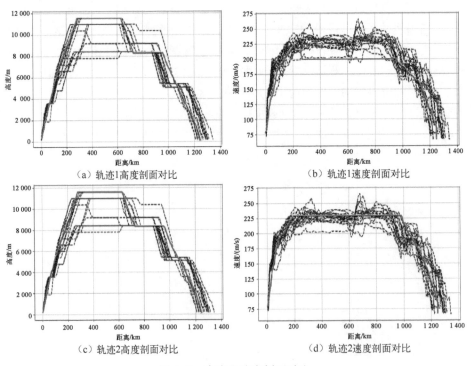

(a) 轨迹1高度剖面对比   (b) 轨迹1速度剖面对比

(c) 轨迹2高度剖面对比   (d) 轨迹2速度剖面对比

图 5-7　高度和速度剖面对比

　　评估理想状态下的燃油效率优化上界，对典型日当天航班飞行轨迹改进前后的总油耗进行比较。需要说明的是，此处的历史飞行油耗是基于本书建立的油耗模型计算所得的。首先，以 Route1 最低油耗点和标准飞行时间对应的油耗为上界，与各航班的历史油耗进行对比，得到油耗优化潜力的理想上界。为了进一步增加对比的现实意义，分别在不同路径的帕累托前沿中选择与历史相同或相近的飞行时间（选取的帕累托前端解与历史航班飞行时间平均相对误差分别为 0.07%、0.07%、−0.02%和−0.01%）所对应的油耗最优解与各航班的历史油耗进行对比，如图 5-8 所示。其中，正值表示较历史油耗/时间减少的百分比，负值表示较历史油耗/时间增加的百分比。航空器依照 Route1 最低油耗点和标准飞行时间对应的油耗的理想"高度-速度"剖面运行，油耗优化的平均理想上界分别为 13.38%和 3.36%；选取相近飞行时间，Route1～Route4 平均油耗减少率分别为 8.05%、6.55%、5.17%和 4.06%。显然，在飞行时间限制下，选择水平距离更短的飞行路径具有更大的油耗优化潜力。

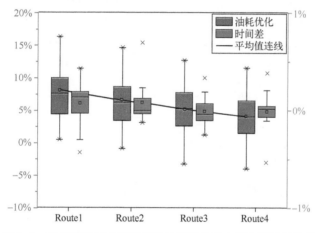

图 5-8　理想状态下不同路径的油耗优化潜力及飞行时间差异

　　进一步，本书将飞行时间从 100～115 min 每 5 min 划分为一个时间段，典型日当天航班所属组别如表 5-5 所示，开展多因素方差分析，评估路径与飞行时间对油耗的影响显著性。首先检验数据的正态性，表 5-6 所示为正态性检验结果，表明数据服从正态分布；其次检验数据的方差齐性，表 5-7 所示为误差方差的 Levene 检验，结果表明，Levene 方差齐性检验统计量的显著性 0.886>0.05，数据满足方差齐性。因此，数据满足进行方差分析的前提。如表 5-8 中的分析结果所示，时间段和路径这两个因素主效应的 p 值均小于 0.05，表明飞行时间和路径这两个因素对油耗的优化效果均有显著性影响；而时间段与路径交互因素的 p 值为 0.999，表明时间对燃料节省潜力的影响不会随着路径的选择而显著改变。其原因在于，在实际运行情况下，不同水平路径的长度差别不大。因此，无论选择哪条路径，飞行时间对燃油节省的影响大致相同。

表 5-5　油耗优化潜力及对应的飞行时间段

航班序号	Route1 油耗最低点	Route1 标准飞行时间点	Route 1	Route 2	Route 3	Route 4	组别
航班 1	16.32%	6.64%	16.32%	14.59%	12.67%	11.49%	3
航班 2	14.49%	4.60%	10.00%	8.53%	7.66%	6.51%	3
航班 3	12.89%	2.81%	4.29%	2.73%	1.77%	0.72%	2
航班 4	12.70%	2.59%	0.41%	-0.93%	-3.29%	-4.05%	1
航班 5	14.08%	4.14%	4.14%	2.66%	1.84%	1.44%	2
航班 6	13.13%	3.07%	6.60%	6.25%	4.88%	4.15%	2
航班 7	11.84%	1.64%	9.39%	7.71%	6.42%	5.32%	3
航班 8	13.00%	2.94%	12.75%	11.04%	8.97%	7.53%	3
航班 9	15.44%	5.66%	14.09%	12.66%	11.15%	9.94%	3
航班 10	11.74%	1.52%	7.11%	5.38%	4.42%	3.19%	2
航班 11	14.92%	5.07%	4.39%	1.63%	-0.67%	-1.41%	1
航班 12	12.18%	2.02%	9.98%	8.59%	6.85%	5.86%	3
航班 13	12.02%	1.84%	4.26%	3.36%	2.67%	0.78%	2
航班 14	16.15%	6.44%	11.36%	9.84%	8.60%	7.52%	2
航班 15	9.52%	-0.95%	5.89%	4.30%	2.51%	1.97%	3
航班 16	11.02%	0.72%	7.61%	6.21%	5.28%	3.95%	3
航班 17	15.34%	5.55%	7.54%	6.16%	5.47%	3.51%	2
平均优化	13.38%	3.36%	8.05%	6.55%	5.17%	4.06%	

表 5-6　正态性检验结果

		Kolmogorov-Smirnov			Shapiro-Wilk		
	路径	统计	自由度	p	统计	自由度	p
节约的油耗	Route 1	0.127	17	0.200	0.975	17	0.897
	Route 2	0.114	17	0.200	0.987	17	0.995
	Route 3	0.090	17	0.200	0.990	17	0.999
	Route 4	0.086	17	0.200	0.992	17	0.997

表 5-7　误差方差的 Levene 检验

3	自由度1	自由度2	p
0.513	11	56	0.886

表 5-8　方差分析结果

因变量：节约的油耗				
源	Ⅲ类平方和	自由度	均方	F	p
修正模型	0.074[a]	11	0.007	7.786	0.000
截距	0.087	1	0.087	101.438	0.000
路径	0.013	3	0.004	5.114	0.003
时间段	0.058	2	0.029	33.786	0.000
路径 * 时间段	0.000	6	$5.291 \cdot 10^{-5}$	0.62	0.999
误差	0.048	56	0.001		
总计	0.360	68			
修正后总计	0.122	67			

a. $R^2 = 0.721$（修正后 $R^2 = 0.666$）

综上，在固定路径无容量约束交通场景下，本书所提出的航迹优化方法能够权衡飞行时间与油耗，规划理想的"高度-速度"剖面，并得到不同对比基准下的油耗优化上界，从而为基于四维轨迹优化的城市对飞行节能减排理想值确定提供依据。

2. 容量限制下基于固定路径和可选航路轨迹优化分析

在现实运行中，空中交通管理部门通过调速、改航等方式来改变航空器进入容流失衡扇区的时间，容流管理的不确定性对油耗改善潜力具有显著影响。该部分选择典型日当天 10：00—14：00 这一繁忙时段，基于实际运行中扇区容流关系数据对该时段内 4 架 A333 开展实验分析，该时段内扇区拥挤程度如图 5-9 所示。扇区容量以 15 min 为统计粒度，以 5 min 为滑动窗口的滚动容量，扇区拥挤程度为流量与容量的比值。航班起飞后，Hotspot 的可用时隙如表 5-9 中"进入 Hotspot 的时间"所示。

表 5-9　Hotspot 可用时隙

航　班	起飞时间	进入 Hotspot 的时间	Hotspot 可用时隙（示例）	
			Sector 5	Sector 6
航班 1	11：11	12：05	11：55—12：00	12：00—12：05
航班 2	11：56	12：46	12：50—12：55	12：50—12：55
航班 3	12：17	13：05	13：10—13：15	13：05—13：15
航班 4	13：06	13：59	13：50—13：55	13：50—13：55

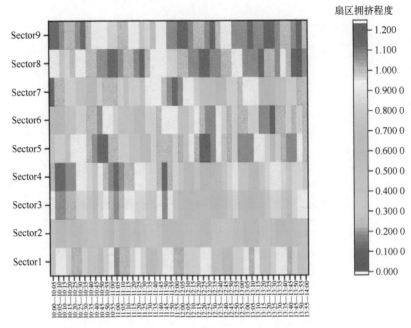

图 5-9 ZSSS—ZBAA10：00—14：00 扇区拥挤程度

如图 5-10 所示，针对 4 架航班在容量约束场景下开展固定路径和可选路径的轨迹优化。其中，最左侧的"＋"轨迹为 Route1 无容量约束的最低油耗航迹。总体可见，在容量约束条件下，航空器飞行轨迹的权衡优化空间减少，更为灵活、可选的水平运行空间可以有效提升油耗改善空间。与固定路径（Route1）和历史飞行轨迹相比，可选路径航迹优化后的最低油耗平均下降 1.45% 和 8.25%；在相同（相近）飞行时间下，可选路径油耗下降 1.30% 和 6.89%。

同时，航班在 Hotspot 处的计划进入时间与可进入时隙发生的偏离程度不同，轨迹优化潜力具有显著差异。其中，航班 1 和航班 4 的优化结果与固定路径基本一致，表明当计划到达时间略晚于控制到达时间时，航空器通过调整飞行速度和飞行高度，保持最优固定路径（Route1）依然可以获得最优性能。特别地，当计划到达时间在一定范围内早于控制到达时间时，如航班 2 和航班 3，其帕累托前端与固定路径差别甚大。为进一步挖掘致因因素，本实验进一步对容量约束下采用 Route2～Route4 作为固定路径的飞行轨迹进行优化，前端解如图 5-10 所示。

航班 2 不同路径的帕累托最优前端如图 5-10 所示。在容量约束下，燃油效率从高到低依次为 Route2、Route4、Route1 和 Route3。其原因在于，航空器飞越 Sector5 与 Sector6 的可用时隙一致且均受限，相较于 Route1 与 Route3，Route2 与 Route4 在进入 Hotspot 之前就有更长的飞行距离，航空器采用较小的速度调整即

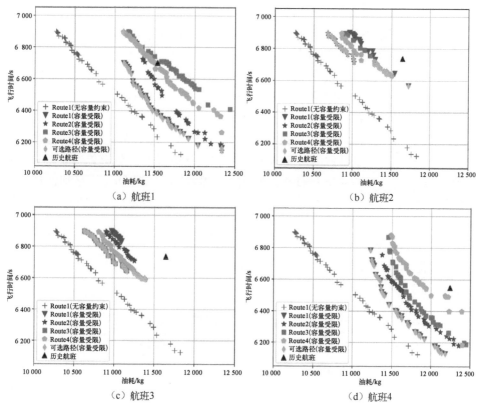

图 5-10　容量受限下航空器固定路径和可选路径的帕累托最优前端解

可满足进入扇区的时隙。加之，Route2 的飞行距离相较 Route4 更短，因此，最优帕累托前沿与 Route2（带容量约束）帕累托前沿几乎重合。此外，相对于 Route1（无容量约束）最优帕累托前沿，所有路径在容量约束下的帕累托前沿权衡空间受到了压缩，飞行时间绝大多数分布在 110 min 以上。表明在满足航班时效性约束下，采用空中调速推迟航空器进入扇区时间的航迹优化空间有限。

航班 3 不同路径的帕累托最优前端如图 5-10（c）所示。在容量约束下，燃油效率从高到低依次为 Route3、Route4、Route2 和 Route1。其原因在于，Route3 与 Route4 允许进入 Sector6 的时隙一致，且 Sector6 较 Sector5 的可用时隙更宽松，同时 Route3 的飞行距离相较 Route4 更短，因此最优帕累托前沿与 Route3（带容量约束）帕累托前沿几乎重合；Route1 与 Route2 进入 Sector5 的可用时隙一致，但是，Route2 在飞越 Hotspot 之前有更长的飞行距离，因此 Route2 轨迹性能优于 Route1。特别地，Route1（带容量限制）的最优前沿非常紧缩，相当接近最大飞行时间 115 min，运行灵活性较低，说明航空器在不具备可选航路空间时，在扇区时隙约束下，通过减速来推迟航空器进入 Sector5 的时间并满足时效性约束这一方式几乎达到了极限，更能体现存在可选航路空间对提高飞行效率的重要性。

为了探讨空域拥堵情况下，航路可选空间对提高燃油效率的潜力，同样地，以可选路径航迹优化后最低油耗点为上界，与容量约束下采用 Route1～Route4 作为固定路径的最低油耗点进行对比；为了进一步增加对比的现实意义，分别在可选路径和固定路径的帕累托前沿中选择与历史相同或相近的飞行时间（选取的帕累托前端解与历史航班飞行时间平均相对误差分别为 −0.05%、−0.03%、−0.12%和0.02%）所对应的油耗最优解进行对比，如图 5−11 所示。具体地，可选路径与 Route1～Route4 固定路径相比，在油耗最优点，平均减少油耗分别为 1.45%、1.35%、1.17%和1.41%；在相同（相似）飞行时间点，平均油耗减少分别为 1.31%、1.64%、2.39%和2.70%，验证了路径选择模型的有效性，如表 5−10 所示。

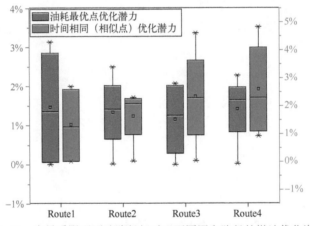

图 5−11　容量受限下可选路径相对于不同固定路径的燃油优化潜力

表 5−10　航路航线候选空间对空域拥堵下油耗改善的潜力

航　班	油耗最优点				时间相同（相似）点			
	Route 1	Route 2	Route 3	Route 4	Route 1	Route 2	Route 3	Route 4
航班 1	0.08%	1.52%	0.54%	0.00%	0	2.28%	4.61%	3.36%
航班 2	2.57%	0	2.05%	1.63%	2.48%	0	1.90%	0.90%
航班 3	3.13%	2.49%	0	1.67%	2.68%	2.20%	0	1.22%
航班 4	0	1.28%	1.95%	2.26%	0	1.94%	2.63%	4.81%
平均优化	1.45%	1.35%	1.17%	1.41%	1.31%	1.64%	2.39%	2.70%

4 架 A333 在典型日高峰时段不同运行方式下优化后的油耗如表 5−11 所示。同样地，开展多因素方差分析，评估是否存在候选航路对油耗影响的显著性。首先检验数据的正态性，表 5−12 所示为正态性检验表，结果表明，数据服从正态

分布；其次检验数据的方差齐性，表 5-13 所示为误差方差的 Levene 检验表，结果表明，Levene 方差齐性检验统计量的 p 值为 0.477，数据满足方差齐性。因此，数据满足进行方差分析的前提。表 5-14 所示为方差分析主效应检验结果，结果表明，存在候选航路对油耗的优化效果具有显著性影响（$p=0.019$），验证了航路可选空间对于燃油效率的提升作用。

表 5-11　A333 在典型日高峰时段不同运行方式下优化后的油耗

航班	可选路径		固定路径							
	油耗最优点/kg	时间相同（相似）点/kg	Route1油耗最低点/kg	Route2油耗最低点/kg	Route3油耗最低点/kg	Route4油耗最低点/kg	Route1时间相同（相似）点/kg	Route2时间相同（相似）点/kg	Route3时间相同（相似）点/kg	Route4时间相同（相似）点/kg
航班 1	11 107.97	11 117.30	11 117.30	11 279.91	11 168.84	11 107.97	11 117.30	11 376.29	11 654.78	11 503.60
航班 2	10 678.76	11 011.53	10 960.43	10 678.76	10 902.56	10 855.81	11 291.80	11 011.53	11 224.79	11 111.87
航班 3	10 625.54	10 795.53	10 968.95	10 896.56	10 625.54	10 805.66	11 093.25	11 038.84	10 795.53	10 928.90
航班 4	11 225.54	11 359.50	11 225.54	11 371.57	11 449.34	11 485.56	11 359.50	11 583.78	11 666.39	11 933.62

表 5-12　正态性检验

	运行方式	Kolmogorov-Smirnov			Shapiro-Wilk		
		统计	自由度	p	统计	自由度	p
油耗	固定路径	0.172	8	0.200	0.940	8	0.613
	可选路径	0.105	32	0.200	0.983	32	0.870

表 5-13　方差齐性检验

F	自由度1	自由度2	p
0.959	7	32	0.477

表 5-14　方差分析主效应检验结果

因变量：油耗					
源	Ⅲ类平方和	自由度	均方	F	p
修正模型	2 494 110.21[a]	7	356 301.459	9.922	0.000
截距	3 144 230 047	1	3 144 230 047	87 553.714	0.000
是否存在可选路径	217 960.857	1	217 960.857	6.069	0.019
不同航班	1 401 258.350	3	467 086.117	13.006	0.00
不同航班 * 是否存在可选路径	2 741.395	3	913.798	0.025	0.994
误差	1 149 184.398	32	35 912.012		
总计	4 965 710 221	40			

续表

因变量：油耗					
源	III 类平方和	自由度	均方	F	p
修正后总计	3 643 294.609	39			
a. $R^2 = 0.685$（调整后 $R^2 = 0.616$）					

综上，该场景考虑容流管理的动态性，针对起飞后扇区容流关系变更所造成的航班控制到达时间调整，验证了本书所提出的航迹优化方法能够通过同时优化高度、速度和路径选择，权衡飞行时间与油耗，为航空器生成满足容流平衡（demand and capacity balance，DCB）和 RTA 限制的四维轨迹，探讨了空域拥堵情况下，水平航迹灵活性对燃油效率的提升作用，为更为准确地评估实际运行不确定条件下的城市对飞行燃油效率改善潜力提供了方法。

3. 油耗优化潜能分析

前文深入剖析了空域结构不改变的情况下，航迹优化对城市对飞行油耗的改善潜力上界。如图 5-12 所示，与历史航班油耗相比，在理想运行状态下，航空器依照 Route1 最低油耗点和标准飞行时间对应的油耗的理想"高度-速度"剖面运行，油耗优化的平均理想上界分别为 13.38% 和 3.36%；选取相同（相近）飞行时间，Route1～Route4 平均油耗减少率分别为 8.05%、6.55%、5.17% 和 4.06%；在容量限制运行状态下，可选路径与 Route1～Route4 固定路径分别减少油耗 8.79%、6.92%、7.01%、7.18%、6.95%。由此可知，本书提出的四维航

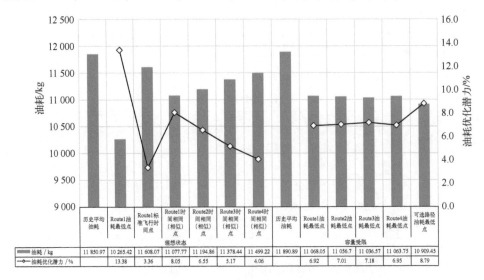

图 5-12　不同运行状态下航迹优化对于油耗改善的潜力

迹多目标优化模型能够有效改善油耗和飞行效率之前的权衡关系，通过评价不同场景、不同空域刚性程度和不同飞行时间要求下的油耗减少潜力，得到不同对比基准下的油耗优化上界，从而为基于四维轨迹优化的城市对飞行节能减排目标确定提供依据。

5.5.5　敏感性分析

为了进一步探究拥堵位置和不确定性水平对燃油效率的影响，以无拥堵场景下 Route1 时间最优航迹（依次经过 Sector2、Sector3、Sector4、Sector5、Sector7、Sector8 和 Sector9）为基准进行敏感性分析。本书通过设计两个独立的变量，即拥堵扇区和拥堵严重程度（可用时隙与计划到达时间之间的差异）构建一系列交通场景。

在上述场景下开展航迹优化，结果如图 5-13 所示。其中，扇区 1~7 表示沿 Route1 飞行依次飞越的扇区。可用时隙与拥堵扇区的计划到达时间之间的时间偏移量以 2 min 为增量，从 2 min 增加到 12 min。总体上，时间偏移量和出发机场到拥堵扇区之间的距离对轨迹优化结果有显著影响。随着空域拥堵程度的加深，提前到达目的机场的可能性越来越小，航迹优化的权衡空间逐渐减小。此外，随着拥堵扇区与起飞机场的距离增加，航空器通过调整速度和高度剖面适应空域拥堵的能力增强。特别的，当时间偏移为 12 min 时，当且仅当拥堵扇区为最靠近目的机场的扇区 7（Sector9）时，才存在可行解。

采用 TOPSIS 从图 5-13 中各类拥堵场景下的帕累托前沿中进行综合决策，权衡油耗和飞行时间后的结果如表 5-15 所示。再分别针对相同扇区、不同时间偏移，以及相同时间偏移量、不同扇区两种情况的油耗-时间平衡解进行二次综合评价。总体可见，拥堵程度的加深对航迹综合性能具有总体一致的劣化影响，且拥堵越接近起飞机场，越难通过调整速度和高度剖面来优化适应。

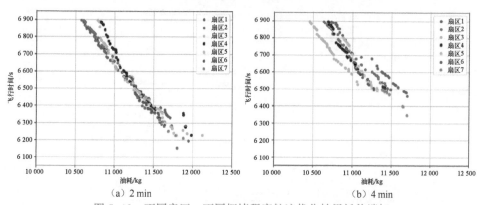

（a）2 min　　　　　　　　　（b）4 min

图 5-13　不同扇区、不同拥堵程度航迹优化帕累托前端解

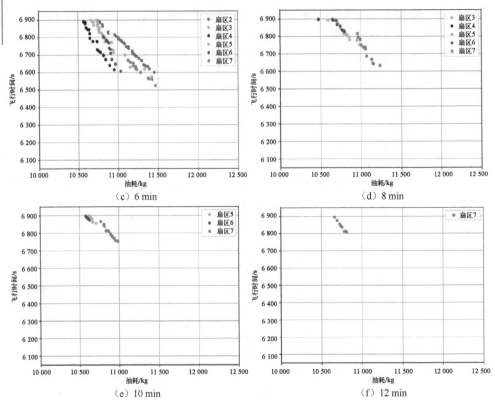

图 5-13　不同扇区、不同拥堵程度航迹优化帕累托前端解（续）

表 5-15　基于 TOPSIS 的航迹规划综合决策值

时间偏移量/min		2	4	6	8	10	12
受限扇区	Sector2	10 616 kg 6 872 s	11 371 kg 6 606 s				
	Sector3	11 801 kg 6 158 s	11 161 kg 6 619 s	11 324 kg 6 645 s			
	Sector4	11 740 kg 6 270 s	11 068 kg 6 530 s	10 865 kg 6 781 s	10 598 kg 6 893 s		
	Sector5	11 520 kg 6 376 s	11 212 kg 6 544 s	10 894 kg 6 640 s	10 476 kg 6 897 s		
	Sector7	11 757 kg 6 240 s	11 247 kg 6 509 s	11 423 kg 6 575 s	10 862 kg 6 780 s	10 667 kg 6 861 s	
	Sector8	11 580 kg 6 309 s	11 196 kg 6 536 s	11 036 kg 6 608 s	10 771 kg 6 838 s	10 623 kg 6 875 s	
	Sector9	11 782 kg 6 228 s	11 695 kg 6 347 s	11 467 kg 6 525 s	11 146 kg 6 646 s	10 830 kg 6 812 s	10 664 kg 6 894 s

对于相同的扇区来说，除扇区 2 外，时间偏移量越大，飞行时间和油耗总体分别呈现单调增加和单调下降的趋势，表明本书所建立的航迹优化模型通过优化速度和高度飞行参数匹配，实现了空域拥堵规避和飞行经济性提升。当时间偏移量为 2 min 时，拥堵发生在扇区 2 可获得最佳的综合性能；当时间偏移量为 6 min 时，拥堵发生在扇区 5 可获得最佳的综合性能；其余条件下，拥堵发生在离着陆机场最近的扇区时，航迹综合性能最好。

对于相同的拥堵程度来说，当拥堵发生位置离起飞机场较近时，飞行程序限制了轨迹规划的灵活性，油耗调节空间受限。因此，增强机场周边空域的拥堵态势感知与精准预测能力，制定地面等待措施，有利于提升飞行经济性；当拥堵发生在着陆机场附近（扇区 9）时，规划航迹在时间偏移量最大时获得最优综合性能。因此，当着陆机场发布的流控限制在一定范围内时，按时起飞依然可以通过飞行参数优化提升飞行经济性，亦可根据机场保障资源可用性，实现航班地面等待和经济等待策略之间的适应性转化。

为了进一步从整体上量化分析空域拥堵对优化结果的影响，并剖析航空器燃油效率和空域拥堵时空特征之间的内在联系，使用 Hypervolume（HV）[253] 来评估整体帕累托前沿的优劣，如式（5-22）所示。其中，R_i 为以帕累托最优前端中每个元素和 1 个参考点作为对角顶点构建的矩形，如图 5-14 所示。需要注意的是，在计算 HV 时，应对数据进行归一化处理。

$$HV = volume \left(\bigcup_{i=1}^{m} R_i \right) \tag{5-22}$$

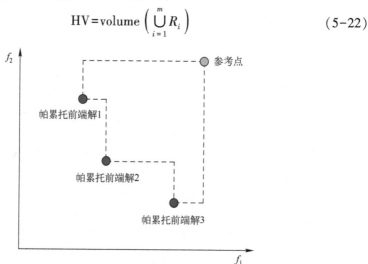

图 5-14　Hypervolume 示意图

选择归一化之后的 $(1,1)$ 作为参考点，HV 的计算结果如表 5-16 所示。结果表明，对于相同的扇区，时间偏移量越大，优化结果越差。当拥堵程度为小到中等（时间偏移量为 2~6 min）时，随着拥堵扇区靠近目的机场，燃油效率先增大后减小。此外，对于不同的时间偏移量，最优燃油效率扇区也相应地变化。结果表明，在拥堵程度为小到中等时，拥堵扇区出现在飞行路径的中间时，航空器将获得最优燃油效率。当拥堵变得更严重时（时间偏移量为 8~12 min），"最优"扇区总是 Sector9，如表 5-16 所示，表明在限定的时间区间内（[-5,+10]），将严重的延误分配给离出发机场最远的扇区可以获得最优燃油效率。结果与不确定性的性质相符，即不确定性会随着时间的推移而放大。因此，更为鲁棒、精细的空中交通流量管理策略将显著提高轨迹优化的帕累托最优前沿的性能。

表 5-16 HV 计算结果

时间偏移量/min		2	4	6	8	10	12
受限扇区	Sector2	0. 389 475 916	0. 245 791 975				
	Sector3	**0. 414 667 662**	0. 256 870 073	0. 183 452 001			
	Sector4	0. 379 795 425	**0. 285 337 554**	0. 090 054 089	0		
	Sector5	0. 359 588 197	0. 273 687 473	**0. 222 181 788**	0		
	Sector7	0. 339 919 746	0. 269 341 927	0. 214 678 477	0. 110 161 96	0. 036 034 223	
	Sector8	0. 327 269 913	0. 262 293 323	0. 207 569 953	0. 055 967 497	0. 020 278 687	
	Sector9	0. 276 207 46	0. 278 200 685	0. 215 651 25	**0. 174 523 766**	**0. 107 711 289**	**0. 071 256 447**

综上，该场景通过改变拥堵扇区的空间位置、拥堵扇区可用时隙与航空器计划到达时间的偏移量得到不同的帕累托前端解，通过分析帕累托前端解在二维、三维空间中的特征及建立帕累托前端评价指标，探究了空域拥堵程度的时空特征对航空器性能的影响，验证了根据空域拥堵的时空特征规划合理航空器四维航迹对燃油效率具有改善作用。

5.6 本章小结

本章综合考虑时效性约束、可选航路空间和扇区容量限制等异质约束条件，提出了"跑道—跑道"四维航迹多目标优化模型，以上海—北京城市对航线为例，探讨了理想和现实不同运行环境，固定航路和可变航路等不同空域刚性度下，飞行时间影响下的油耗帕累托改善潜力上界。在固定路径无容量约束的理想交通场景下，飞行时间对油耗具有显著影响，且在限定时间区间内总体呈现斜率相近的线性的权衡关系，即提前 1 min 需要额外消耗 118.8 kg 燃油；飞行距离对帕累托前端位置具有显著负面影响，即每千米需要额外消耗 23.6 kg 燃油；水平距离更短的飞行路径具有更大的油耗优化潜力，依照最低油耗点和标准飞行时间对应的油耗的理想"高度-速度"剖面运行，油耗优化的平均理想上界分别为 13.38% 和 3.36%。在容量约束的运行场景下，容量受限降低了航空器运行轨迹的权衡优化空间，可选路径将油耗优化潜力提高到 8.79%。此外，敏感性分析进一步说明了优化结果如何随着拥堵的位置和严重程度而演变，为根据空域拥堵程度准确地实施流量管理策略，提高航空器运行效率和燃油效率提供了方法。

参 考 文 献

［1］ 魏志强，韩孝兰，袁婕. 飞机巡航中的温室效应估算与控制策略 ［J］. 安全与环境学报，2018，18（6）：2338-2343.

［2］ 波士顿咨询公司. 中国气候路径报告 ［R］. https://www.djyanbao.com，2020.

［3］ ICAO. 2019 Environmental report：aviation and environment ［R］. Montréal：International Civil Aviation Organization，2019.

［4］ 于占福. 航空产业碳中和之路全方位解析 ［R］. http：//www.ccaonline.cn/yunshu/yshot/667761.html，2021.

［5］ ARNDT N，EGELHOFER R，ROSSOW，C. Responding to the ACARE challenges technologies and concepts. 1st CEAS European Air and Space Conference，Berlin，10-13 September 2007.

［6］ ADLER N，MARTINI G，VOLTA N. Measuring the environmental efficiency of the global aviation fleet ［J］. Transportation Research Part B：Methodological，2013，53：82-100.

［7］ Sustainable aviation，CARBON ROAD-MAP：A PATH TO NET ZERO-A plan to meet society and climate change needs. ［R］. 2021：49.

［8］ LIEM R P，KENWAY G K W，MARTINS J R R A. Multimission aircraft fuel-burn minimization via multipoint aerostructural optimization ［J］. AIAA Journal，2015，53（1）：104-122.

［9］ JONATHAN A. Lovegren and R. John Hansman.，Estimation Of Potential Aircraft Fuel Burn Reduction In Cruise Via Speed And Altitude Optimization Strategies. MIT. 2011.

［10］ SCHÄFER A W，WAITZ I A. Air transportation and the environment ［J］. Transport policy，2014，34：1-4.

［11］ European Commission. Beyond Vision 2020（Toward 2050），Advisory Council for Aeronautics Research in Europe ［EB/OL］. （2011-08-26）［2022-08-30］. https://op.europa.eu/en/publication-detail/-/publication/028f443e-8b6b-4052-9940-d47fe5b38e8a.

［12］ EVERTSE C，VISSER H G. Real-time airport surface movement planning：Minimizing aircraft emissions ［J］. Transportation Research Part C：Emerging Technologies，2017，79：224-241.

［13］ KHADILKAR H，BALAKRISHNAN H. Estimation of aircraft taxi fuel burn using flight data recorder archives ［J］. Transportation Research Part D：Transport and Environment，2012，17（7）：532-537.

［14］ DEONANDAN I，BALAKRISHNAN H. Evaluation of strategies for reducing taxi-out emissions at airports ［C］//10th AIAA Aviation Technology，Integration，and Operations（ATIO）Conference. 2010：9370.

［15］ FER A W, EVANS A D, REYNOLDS T G, et al. Costs of mitigatingCO₂ emissions from pas-
senger aircraft ［J］. Nature Climate Change, 2015.

［16］ IATA. Fuel Fact Sheet ［R］. 2019, https://www. iata. org/contentassets/ebdba50e57194019
930d72722413edd4/fact-sheet-fuel. pdf.

［17］ COLLINS B P. Estimation of aircraft fuel consumption ［J］. Journal of Aircraft, 1982, 19
(11): 969-975.

［18］ SHEARER C M. Coupled nonlinear flight dynamics, aeroelasticity, and control of very flexible
aircraft ［M］. 2006.

［19］ BALLI O. Exergy modeling for evaluating sustainability level of a high by-pass turbofan engine
used on commercial aircrafts ［J］. AppliedThermal Engineering, 2017, 123: 138-155.

［20］ BARTEL M, YOUNG T M. Simplified thrust and fuel consumption models for modern two-shaft
turbofan engines ［J］. Journal of Aircraft, 2008, 45 (4): 1450-1456.

［21］ EUROCONTROL. Experimental Centre. User Manual for the base of aircraft data (BADA),
Revision 3. 11: Report NO. 13/04/16-01 ［R］. Brussels: EEC, 2013.

［22］ 吴文洁, 胡荣, 张军峰, 等. 基于 BADA 模型的飞机持续下降进近节能减排研究 ［J］.
武汉理工大学学报. 交通科学与工程版. 2017, 41 (04): 668-672.

［23］ 张军峰, 蒋海行, 武晓光, 等. 基于 BADA 及航空器意图的四维航迹预测 ［J］. 西南交
通大学学报, 2014, 49 (3): 553-558.

［24］ SEYMOUR K, HELD M, GEORGES G, et al. Fuel Estimation in Air Transportation: Modeling
global fuel consumption for commercial aviation ［J］. Transportation Research Part D: Transport
and Environment, 2020, 88: 102528.

［25］ PAGONI I, PSARAKI-KALOUPTSIDI V. Calculation of aircraft fuel consumption and CO₂
emissions based on path profile estimation by clustering and registration ［J］. Transportation Re-
search Part D: Transport and Environment, 2017, 54: 172-190.

［26］ SENZIG D A, FLEMING G G, IOVINELLI R J. Modeling of terminal-area airplane fuel con-
sumption ［J］. Journal of Aircraft, 2009, 46 (4): 1089-1093.

［27］ YANTO J, LIEM R P. Aircraft fuel burn performance study: A data-enhanced modeling ap-
proach ［J］. Transportation Research Part D: Transport and Environment, 2018, 65: 574-
595.

［28］ ALLIGIER R, GIANAZZA D. Learning aircraft operational factors to improve aircraft climb pre-
diction: A large scale multi-airport study ［J］. Transportation research part C: emerging tech-
nologies, 2018, 96: 72-95.

［29］ PHASE I. Enhancements to SIMMOD: A neural network post-processor to estimate aircraft fuel
consumption ［J］. 1997.

［30］ BURMESTER G, MA H, STEINMETZ D, et al. Big data and data analytics in aviation ［M］//
Advances in Aeronautical Informatics. Springer, Cham, 2018: 55-65.

［31］ DE LEEGE A, VAN PAASSEN M, MULDER M. A machine learning approach to trajectory
prediction ［C］//AIAA Guidance, Navigation, and Control (GNC) Conference. 2013: 4782.

［32］ ALLIGIER R, GIANAZZA D. Learning aircraft operational factors to improve aircraft climb pre-diction: A large scale multi-airport study ［J］. Transportation research part C: emerging tech-nologies, 2018, 96: 72-95.

［33］ BAKLACIOGLU T. Modeling the fuel flow-rate of transport aircraft during flight phases using genetic algorithm-optimized neural networks ［J］. Aerospace Science and Technology, 2016, 49: 52-62.

［34］ YANTO J, LIEM R P. Efficient fast approximation for aircraft fuel consumption for decision-making and policy analysis ［C］//AIAA Modeling and Simulation Technologies Conference. 2017: 3338.

［35］ RYERSON M S, HANSEN M, HAO L, et al. Landing on empty: estimating the benefits from reducing fuel uplift in US Civil Aviation ［J］. Environmental Research Letters, 2015, 10 (9): 094002.

［36］ CHATI Y S, BALAKRISHNAN H. Statistical modeling of aircraft engine fuel flow rate ［C］// 30th Congress of the International Council of the Aeronautical Science. 2016: 1-10.

［37］ 谷润平, 来靖晗, 魏志强. 基于改进 BP 神经网络的飞行落地剩油预测方法 ［J］. 飞行力学, 2020, 38 (4): 76-80+86.

［38］ WANG X, CHEN X, BI Z. Support vector machine and ROC curves for modeling of aircraft fuel consumption ［J］. Journal of Management Analytics, 2015, 2 (1): 22-34.

［39］ BAUMANN S, NEIDHARDT T, KLINGAUF U. Evaluation of the aircraft fuel economy using advanced statistics and machine learning ［J］. CEAS Aeronautical Journal, 2021: 1-13.

［40］ TRANI A, WING-HO F, SCHILLING G, et al. A neural network model to estimate aircraft fuel consumption ［C］//AIAA 4th Aviation Technology, Integration and Operations (ATIO) Forum. 2004: 6401.

［41］ BAKLACIOGLU T. Modeling the fuel flow-rate of transport aircraft during flight phases using genetic algorithm-optimized neural networks ［J］. Aerospace Science and Technology, 2016, 49: 52-62.

［42］ KANG L, HANSEN M. Improving airline fuel efficiency via fuel burn prediction and uncertainty estimation ［J］. Transportation Research Part C: Emerging Technologies, 2018, 97: 128-146.

［43］ 陈静杰, 张永平. 基于 AGA-BP 强预测的爬升段油耗估计 ［J］. 计算机工程与设计, 2017, 38 (10): 2845-2849+2857.

［44］ LI G. Machine learning in fuel consumption prediction of aircraft ［C］//9th IEEE International Conference on Cognitive Informatics (ICCI'10). IEEE, 2010: 358-363.

［45］ 朱青. 基于改进 K-means 算法的民航飞机降落过程油耗分析研究 ［D］. 合肥工业大学, 2019.

［46］ WU Z X, ZHANG N, HONG W, et al. Study on prediction method of flight fuel consumption with machine learning ［C］//2020 IEEE International Conference on Information Technology, Big Data and Artificial Intelligence (ICIBA). IEEE, 2020, 1: 624-627.

［47］ KHAN W A, CHUNG S H, MA H L, et al. A novel self-organizing constructive neural network for estimating aircraft trip fuel consumption [J]. Transportation Research Part E: Logistics and Transportation Review, 2019, 132: 72-96.

[48] UZUN M, DEMIREZEN M U, INALHAN G. Physics guided deep learning for data-driven aircraft fuel consumption modeling [J]. Aerospace, 2021, 8 (2): 44.

[49] AL-JARRAH O Y, YOO P D, MUHAIDAT S, et al. Efficient machine learning for big data: A review [J]. Big Data Research, 2015, 2 (3): 87-93.

[50] CHEN C, YE W, ZUO Y, et al. Graph networks as a universal machine learning framework for molecules and crystals [J]. Chemistry of Materials, 2019, 31 (9): 3564-3572.

[51] GAL Y, GHAHRAMANI Z. Dropout as a bayesian approximation: Representing model uncertainty in deep learning [C]//international conference on machine learning. PMLR, 2016: 1050-1059.

[52] LITTMAN M L. Markov games as a framework for multi-agent reinforcement learning [M]// Machine learning proceedings 1994. Morgan Kaufmann, 1994: 157-163.

[53] SILVA R, GHAHRAMANI Z. The hidden life of latent variables: Bayesian learning with mixed graph models [J]. The Journal of Machine Learning Research, 2009, 10: 1187-1238.

[54] VAZQUEZ R, RIVAS D, FRANCO A. Stochastic analysis of fuel consumption in aircraft cruise subject to along-track wind uncertainty [J]. Aerospace Science and Technology, 2017, 66: 304-314.

[55] YU Z, LISCINSKY D S, FORTNER E C, et al. Evaluation of PM emissions from two in-service gas turbine general aviation aircraft engines [J]. Atmospheric Environment, 2017, 160: 9-18.

[56] KRICHEN, D, ABDALLAH, W, BOUDRIGA N. On the design of an embedded wireless sensor network for aircraft vibration monitoring using efficient game theoretic based MAC protocol [J]. Ad. Hoc. Netw. 2017 61: 1-15.

[57] CHINESTA F, CUETO E, ABISSET-CHAVANNE E, et al. Virtual, digital and hybrid twins: a new paradigm in data-based engineering and engineered data [J]. Archives of computational methods in engineering, 2020, 27 (1): 105-134.

[58] KARPATNE A, ATLURI G, FAGHMOUS J H, et al. Theory-guided data science: A new paradigm for scientific discovery from data [J]. IEEE Transactions on knowledge and data engineering, 2017, 29 (10): 2318-2331.

[59] SCHILLING G D. Modeling aircraft fuel consumption with a neural network [D]. Virginia Tech, 1997.

[60] RODRÍGUEZ-SANZ Á, COMENDADOR F G, VALDÉS R M A, et al. 4D-trajectory time windows: definition and uncertainty management [J]. Aircraft Engineering and Aerospace Technology, 2019, 91: 761-782.

[61] LYU Y, LIEM R P. Flight performance analysis with data-driven mission parameterization: mapping flight operational data to aircraft performance analysis [J]. Transportation Engineering, 2020, 2: 100035.

[62] JIDAIKHAN W A, MA H L, OUYANG X, et al. Prediction of aircraft trajectory and the associ-

ated fuel consumption using covariance bidirectional extreme learning machines [J]. Transportation Research Part E: Logistics and Transportation Review, 2021, 145: 102189.

[63] MARQUART S, PONATER M, MAGER F, et al. Future development of contrail cover, optical depth, and radiative forcing: Impacts of increasing air traffic and climate change [J]. Journal of Climate, 2003, 16 (17): 2890-2904.

[64] GREWE V, DAHLMANN K. How ambiguous are climate metrics? And are we prepared to assess and compare the climate impact of new air traffic technologies? [J]. Atmospheric Environment, 2015, 106: 373-374.

[65] CHAPMAN L. Transport and climate change: a review [J]. Journal of transport geography, 2007, 15 (5): 354-367.

[66] KOUDIS G S, HU S J, NORTH R J, et al. The impact of aircraft takeoff thrust setting on NO_x emissions [J]. Journal of Air Transport Management, 2017, 65: 191-197.

[67] SONG S K, SHON Z H. Emissions of greenhouse gases and air pollutants from commercial aircraft at international airports in Korea [J]. Atmospheric Environment, 2012, 61: 148-158.

[68] 韩博, 刘雅婷, 谭宏志, 等. 一次航班飞行全过程大气污染物排放特征 [J]. 环境科学学报, 2017 (12): 4492-4502.

[69] UNAL A, HU Y, CHANG M E, et al. Airport related emissions and impacts on air quality: Application to the Atlanta International Airport [J]. Atmospheric Environment, 2005, 39 (32): 5787-5798.

[70] SIMONETTI I, MALTAGLIATI S, MANFRIDA G. Air quality impact of a middle size airport within an urban context through EDMS simulation [J]. Transportation Research Part D Transport and Environment, 2015, 40 (OCT.): 144-154.

[71] TANK V, HASCHBERGER P, LINDERMEIR E, et al. FTIR airborne measurement of aircraft jet engine exhaust gas emissions under cruise conditions [C]//Air Pollution and Visibility Measurements. International Society for Optics and Photonics, 1995, 2506: 359-367.

[72] SCHEFER K. Non-intrusive measurements of aircraft and rocket exhaust emissions [J]. Air & Space Europe, 2001, 3 (1-2): 104-108.

[73] HELAND J, SCHAEFER K, HAUS R. Hot exhaust gases with passive FTIR emission spectroscopy [C]//Spectroscopic atmospheric environmental monitoring techniques. International Society for Optics and Photonics, 1998, 3493: 2-10.

[74] MELAMED M L, SOLOMON S, DANIEL J S, et al. Measuring reactive nitrogen emissions from point sources using visible spectroscopy from aircraft [J]. Journal of Environmental Monitoring, 2003, 5 (1): 29-34.

[75] ANDERSON B E, CHEN G, BLAKE D R. Hydrocarbon emissions from a modern commercial airliner [J]. Atmospheric Environment, 2006, 40 (19): 3601-3612.

[76] SCHÜRMANN G, SCHÄFER K, JAHN C, et al. The impact of NO_x, CO and VOC emissions on the air quality of Zurich airport [J]. Atmospheric Environment, 2007, 41 (1): 103-118.

[77] AGRAWAL H, SAWANT A A, JANSEN K, et al. Characterization of chemical and particulate

emissions from aircraft engines [J]. Atmospheric Environment, 2008, 42 (18): 4380-4392.

[78] ICAO. Doc 9889, Airport Air Quality Manual [R]. Montreal: International Civil Aviation Organization, 2011.

[79] 黄清凤, 陈桂浓, 胡丹心, 等. 广州白云国际机场飞机大气污染物排放分析 [J]. 环境监测管理与技术, 2014, 26 (3): 57-59.

[80] 储燕萍. 上海浦东国际机场飞机尾气排放对机场附近空气质量的影响 [J]. 环境监控与预警, 2013, 5 (4): 50-52+56.

[81] COKORILO O. Environmental issues for aircraft operations at airports [J]. Transportation Research Procedia, 2016, 14: 3713-3720.

[82] MASIOL M, HARRISON R M. Aircraft engine exhaust emissions and other airport-related contributions to ambient air pollution: A review [J]. Atmospheric Environment, 2014, 95: 409-455.

[83] TURGUT E T, CAVCAR M, USANMAZ O, et al. Investigating actual landing and takeoff operations for time-in-mode, fuel and emissions parameters on domestic routes in Turkey [J]. Transportation Research Part D: Transport and Environment, 2017, 53: 249-262.

[84] TURGUT E T, CAVCAR M, USANMAZ O, et al. Investigating actual landing and takeoff operations for time-in-mode, fuel and emissions parameters on domestic routes in Turkey [J]. Transportation Research Part D: Transport and Environment, 2017, 53: 249-262.

[85] 吴文洁. 进场飞机污染物减排效果评估研究 [D]. 南京航空航天大学, 2018.

[86] 郑丽君, 胡荣, 张军峰, 等. 高峰时段下离港航空器绿色滑行策略设计与评价 [J]. 北京航空航天大学学报, 2019, 45 (11): 2320-2326.

[87] 李楠, 张红飞. 航空器场面滑行污染物排放计算研究 [J]. 环境科学学报, 2017, 37 (5): 1872-1876.

[88] 魏志强, 韩孝兰, 胡杨, 等. 基于航迹数据的空中交通绿色绩效计算分析 [J]. 中国环境科学, 2019, 39 (3): 988-993.

[89] KURNIAWAN J S, KHARDI S. Comparison of methodologies estimating emissions of aircraft pollutants, environmental impact assessment around airports [J]. Environmental Impact Assessment Review, 2011, 31 (3): 240-252.

[90] 韩博, 孔魏凯, 姚婷玮, 等. 京津冀机场群飞机 LTO 大气污染物排放清单 [J]. 环境科学, 2020, 41 (3): 1143-1150.

[91] MORTEN W, KRISTIN R, LENE S, et al. Emission inventory guidebook [R]. Copenhagen: European Environment Agency, 2013: 18-50.

[92] BEYERSDORF A J, TIMKO M T, ZIEMBA L D, et al. Reductions in aircraft particulate emissions due to the use of Fischer-Tropsch fuels [J]. Atmospheric Chemistry and Physics, 2014, 14 (1): 11-23.

[93] PARK Y, O'KELLY M E. Fuel burn rates of commercial passenger aircraft: variations by seat configuration and stage distance [J]. Journal of transport geography, 2014, 41: 137-147.

[94] HICKMAN J, HASSEL D, JOUMARD R, et al. Methodology for calculating transport emissions

and energy consumption [J]. 1999.

[95] DEN B R, BEERS C, HUISMAN H, et al. Sourdine-ii: some aspects of The assessment of noise abatement procedures [C]//6th FAA/EUROCONTROL ATM R&D Seminar. 2005.

[96] FLEUTI E, HOFMANN P, TALERICO C, et al. ALAQS project-airport local air quality, Sensitivity Analysis Zurich Airport 2004 [J]. 2006.

[97] DUCHENE N, FULLER I, JANICKE U. Verification of ALAQS hourly 3D grid source Approach with Smooth and Shift Parameters to Account for Plume dynamics [C]//Proceedings of the 11th International Conference on Harmonisation within Atmospheric Dispersion Modelling for Regulatory Purposes. 2007.

[98] 彭秋萍, 万莉莉, 张天赐, 等. 机场环境承载力评价与预测方法研究 [J]. 航空计算技术, 2021, 51 (2): 64-68.

[99] MALTHUS T R. An essay on the principle of population [M]. 1872.

[100] WAN L, PENG Q, ZHANG T, et al. Evaluation of airport environmental carrying capacity: a case study in guangzhou baiyun international airport, China [J]. Discrete Dynamics in Nature and Society, 2021.

[101] UPHAM P, THOMAS C, GILLINGWATER D, et al. Environmental capacity and airport operations: current issues and future prospects [J]. Journal of Air Transport Management, 2003, 9 (3): 145-151.

[102] SIDIROPOULOS S, MAJUMDAR A, HAN K. A framework for the optimization of terminal airspace operations in multi-airport systems [J]. Transportation Research Part B: Methodological, 2018, 110: 160-187.

[103] BEATON E, DE ARMON J, WANKE C, et al. New York airspace effects on operations [J]. Journal of Air Traffic Control, 2000, 42 (2): 32-37.

[104] TIAN Y, WAN L, YE B, et al. Research on evaluation of airport environment capacity [J]. Journal of Intelligent & Fuzzy Systems, 2019, 37 (2): 1695-1706.

[105] GRAHAM B, GUYER C. Environmental sustainability, airport capacity and European air transport liberalization: irreconcilable goals? [J]. Journal of Transport Geography, 1999, 7 (3): 165-180.

[106] SOMERS V L J, BORST C, MULDER M, et al. Evaluation of a 3D solution space-based ATC workload metric [J]. IFAC-PapersOnLine, 2019, 52 (19): 151-156.

[107] XU C, ZHAO Z, HU M H, et al. Controller workload assessment based on sector complexity data analysis# br [J]. Journal of Civil Aviation University of China, 2019, 37 (4): 5.

[108] OLIVEIRA A, COUTO G, PIMENTEL P. Uncertainty and flexibility in infrastructure investments: application of real options analysis to the Ponta Delgada airport expansion [J]. Research in Transportation Economics, 2020: 100845.

[109] BALLIAUW M, ONGHENA E. Expanding airport capacity of cities under uncertainty: Strategies to mitigate congestion [J]. Journal of Air Transport Management, 2020, 84: 101791.

[110] 王湛, 周凯, 田勇, 等. 基于污染物排放的机场环境承载力与容量研究 [J]. 环境保护

科学，2018，44（5）：88-94.

［111］ 高垒. 机场空中交通环境承载力评估方法研究［D］. 南京航空航天大学，2019.

［112］ 徐冉，郎建垒，杨孝文，等. 首都国际机场飞机排放清单的建立［J］. 中国环境科学，2016，36（8）：2554-2560.

［113］ 黄清凤，陈桂浓，胡丹心，等. 广州白云国际机场飞机大气污染物排放分析［J］. 环境监测管理与技术，2014，26（3）：57-59.

［114］ XU H，FU Q，YU Y M，et al. Quantifying aircraft emissions of Shanghai Pudong International Airport with aircraft ground operational data［J］. Environmental Pollution，2020，261.

［115］ 周子航，陆成伟，谭钦文，等. 成都双流国际机场大气污染物排放清单与时空分布特征［J］. 中国环境监测，2018，34（3）：75-83.

［116］ 韩博，孔魏凯，姚婷玮，等. 京津冀机场群飞机 LTO 大气污染物排放清单［J］. 环境科学，2020，41（3）：1143-1150.

［117］ 王瑞宁，黄成，任洪娟，等. 长三角地区民航飞机起飞着陆（LTO）循环大气污染物排放清单［J］. 环境科学学报，2018，38（11）：4472-4479.

［118］ 韩博，何真，张铎，等. 粤港澳大湾区飞机 LTO 污染排放因子及排放清单［J］. 中国环境科学，2020，40（12）：5182-5190.

［119］ HUANG J J，YANG G H，MA J. Evaluation model of air pollution based on gauss mode［J］. Computer simulation，2011，28（2）：101-104.

［120］ DAS S K，DURBIN P A. Prediction of atmospheric dispersion of pollutants in an airport environment［J］. Atmospheric Environment，2007，41（6）：1328-1341.

［121］ JANICKE U，FLEUTI E，FULLER I. LASPORT-a model system for airport-related source systems based on a Lagrangian particle model［C］//Proceedings of the 11th International Conference on Harmonisation within Atmospheric Dispersion Modelling for Regulatory Purposes. 2007：352-356.

［122］ 贾丽. 机场噪声对受体行为，神经递质及神经组织形态影响研究［D］. 杭州：浙江大学，2010.

［123］ 伍岳，夏春娟，梁婧，等. 北京市某机场安检人员听力损失动态分析［J］. 职业与健康，2017，033（11）：1559-1561.

［124］ 罗镝，陈维清，郝元涛，等. 机场工作环境噪声对心血管疾病危险因素的影响［J］. 中国职业医学，2007，034（2）：115-117.

［125］ NGUYEN T L，MORINAGA M，et al. Community response to a step change in the aircraft noise exposure around HanoiNoi Bai International Airport［J］. The Journal of the Acoustical Society of America，2018，143（5）：2901-2912.

［126］ BOEKER E R，DINGES E，HE B，et al. Integrated noise model（INM）version 7.0 technical manual［R］. United States. Federal Aviation Administration. Office of Environment and Energy，2008.

［127］ 徐涛，苏瀚，杨国庆. 基于空间拟合和神经网络的机场噪声预测集成模型［J］. 中国

环境科学, 2016, 36 (4): 1250-1257.

[128] HAN Y, WEI F, YE G, et al. A study on evaluation the marine carrying capacity in Guangxi Province, China [J]. Marine Policy, 2018, 91: 66-74.

[129] SU Y, GAO W, GUAN D, et al. Dynamic assessment and forecast of urban water ecological footprint based on exponential smoothing analysis [J]. Journal of Cleaner Production, 2018, 195: 354-364.

[130] KAZEMI A, ATTARI M Y N, KHORASANI M. Evaluating service quality of airportswith integrating TOPSIS and VIKOR under fuzzy environment [J]. International Journal of Services, Economics and Management, 2016, 7 (2-4): 154-166.

[131] WANG Y, DUAN F, MA X, et al. Carbon emissions efficiency in China: key facts from regional and industrial sector [J]. Journal of Cleaner Production, 2019, 206: 850-869.

[132] SHEPHERD S P. A review of system dynamics models applied in transportation [J]. Transportmetrica B: Transport Dynamics, 2014, 2 (2): 83-105.

[133] KUSNOPUTRANTO H, SOESILO T E B, SARDJONO W. Environment footprint potential model in the airport sector as indicator towards sustainability airport-ecoairport [J]. Pre Print Submitted to Elsevier Science, 2004, 28 (5): 1-25.

[134] ZHANG J, WU W W, WANG C Y. Air route selection for Beijing capital international airport based on an improved TOPSIS method [C]//IOP Conference Series: Earth and Environmental Science. IOP Publishing, 2018, 189 (6): 062022.

[135] IRANKHAHI M, JOZI S A, FARSHCHI P, et al. Combination of GISFM and TOPSIS to evaluation of urban environment carrying capacity (case study: Shemiran City, Iran) [J]. International Journal of Environmental Science and Technology, 2017, 14 (6): 1317-1332.

[136] CHEN Y, ZHANG S, ZHANG Y, et al. Comprehensive assessment and hierarchical management of the sustainable utilization of urban water resources based on catastrophe theory [J]. Journal of theTaiwan institute of chemical engineers, 2016, 60: 430-437.

[137] SAATY T L. What is the analytic hierarchy process? [M]//Mathematical models for decision support. Springer, Berlin, Heidelberg, 1988: 109-121.

[138] MENG B, LU N, GUO X, et al. Scenario analysis of emergency in civil aviation airports based on the pressure-state-response model and bayesian network [J]. Journal of Engineering Science & Technology Review, 2020, 13 (5).

[139] TSIONAS M G, CHEN Z, WANKE P. A structural vector autoregressive model of technical efficiency and delays with an application to Chinese airlines [J]. Transportation Research Part A: Policy and Practice, 2017, 101: 1-10.

[140] ZHANG M, YANG G Q, XU T, et al. Airport noise environmental impact assessment based on the multi-level fuzzy comprehensive evaluation [C]//Advanced Materials Research. Trans Tech Publications Ltd, 2013, 610: 2578-2582.

[141] WOLD S, ESBENSEN K, GELADI P. Principal component analysis [J]. Chemometrics and intelligent laboratory systems, 1987, 2 (1-3): 37-52.

［142］ LIU Y, SHEN L, LI Z, et al. Research on the effect of environmental improvement on prefabricated housings based on DSR model［J］. Journal of Applied Science and Engineering Innovation, 2018, 5（3）：84-89.

［143］ MARTINS J H, CAMANHO A S, GASPAR M B. A review of the application of driving forces-pressure-state-impact-response framework to fisheries management［J］. Ocean & Coastal Management, 2012, 69：273-281.

［144］ SUN D, WU J, ZHANG F, et al. Evaluating water resource security in karst areas using DPSIRM modeling, gray correlation, and matter-element analysis［J］. Sustainability, 2018, 10（11）：3934.

［145］ 李印凤. 复杂机场终端区空域资源配置关键技术研究［D］. 南京航空航天大学, 2015.

［146］ VILLEGAS D M, GÓMEZ C V F, GARCÍA-HERAS C J, et al. Environmental benefits in terms of fuel efficiency and noise when introducing continuous climb operations as part of terminal airspace operation［J］. International Journal of Sustainable Transportation, 2020, 14（12）：903-913.

［147］ 李东亚, 胡荣, 张军峰. 航空器持续下降进近技术的发展现状与展望［J］. 航空计算技术, 2016, 46（5）：131-134.

［148］ ALAM S, NGUYEN M H, ABBASS H A, et al. Multi-aircraft dynamic continuous descent approach methodology for low-noise and emission guidance［J］. Journal of aircraft, 2011, 48（4）：1225-1237.

［149］ 苑克剑. 基于融合点的连续下降进近航迹优化研究［D］. 中国民航大学, 2016.

［150］ JIA Y, CAI K. The trade-off between trajectory predictability and potential fuel savings for continuous descent operations［C］//2018 IEEE/AIAA 37th Digital Avionics Systems Conference（DASC）. IEEE, 2018：1-6.

［151］ 邹朝忠, 杨波, 黄卫芳. 融合点进近程序和技术浅析［J］. 空中交通管制, 2010（1）：13-16+34.

［152］ LIANG M, DELAHAYE D, MARECHAL P. Potential operational benefits of multi-layer point merge system on dense TMA operation hybrid arrival trajectory optimization applied to Beijing capital international airport［C］//Proceedings of the 7th International Conference on Research in Air Transportation. 2016.

［153］ 陈相安. 终端区进近中的融合点技术排序优化研究［D］. 中国民航大学, 2016.

［154］ ERRICO A, DI VITO V. Aircraft operating technique for efficient sequencing arrival enabling environmental benefits through CDO in TMA［C］//AIAA Scitech 2019 Forum. 2019：1363.

［155］ HONG Y, CHOI B, LEE K, et al. Dynamic robust sequencing and scheduling under uncertainty for the point merge system in terminal airspace［J］. IEEE Transactions on Intelligent Transportation Systems, 2017, 19（9）：2933-2943.

［156］ 杨磊, 李文博, 刘芳子, 等. 柔性空域结构下连续下降航迹多目标优化［J］. 航空学报, 2021, 42（2）：206-222.

［157］ GAXIOLA C A N, BARRADO C, ROYO P, et al. Assessment of the north European free route airspace deployment [J]. Journal of Air Transport Management, 2018, 73: 113-119.

[158] VAGNER J, FERENCOVA M. The implementation of free route airspace (FRA) in Slovakia [J]. MAD-Magazine of Aviation Development, 2018, 6 (4): 23-27.

[159] REZO Z, STEINER S. South east common sky initiative free route airspace-implementation aftermath [J]. Transportation Research Procedia, 2020, 45: 676-683.

[160] ANEEKA S, ZHONG Z W. NOX and CO_2 emissions from current air traffic in ASEAN region and benefits of free route airspace implementation [J]. Journal of Applied and Physical Sciences, 2016, 2 (2): 32-36.

[161] ANTULOV-FANTULIN B, JURIČIĆ B, RADIŠI T, et al. Free route airspace for efficient air traffic management [J]. Engineering Power: Bulletin of the Croatian Academy of Engineering, 2020, 15 (2): 10-17.

[162] 叶博嘉, 薛奥林, 田勇, 等. 空中管型航路研究综述 [J]. 武汉理工大学学报. 交通科学与工程版. 2019, 43 (4): 637-645.

[163] 张晨, 胡明华, 张进. 基于管型空域配置的交通复杂性管理 [J]. 系统管理学报, 2012, 21 (3): 327-335+351.

[164] 伍小元. 管型高密度航路中航空器自主运行模式研究 [D]. 南京航空航天大学, 2018.

[165] SHORTLE J, ZHANG Y. Safety comparison of centralized and distributed aircraft separation assurance concepts [J]. IEEE Transactions on Reliability, 2014, 63 (1): 259-269.

[166] 张天慈. 基于四维轨迹的机场地面运动引导控制技术研究 [D]. 南京航空航天大学, 2018.

[167] HOOEY B L, CHENG V H L, FOYLE D C. A concept of operations for far-term Surface Trajectory-Based Operations (STBO) [J]. NASA-TM-2014-218354, NASA Ames Research Center, 2014.

[168] SMELTINK J W, SOOMER M J, DE WAAL P R, et al. An optimisation model for airport taxi scheduling [C] //Proceedings of the INFORMS Annual Meeting, 2004: 11.

[169] RATHINAM S, MONTOYA J, JUNG Y. An optimization model for reducing aircraft taxi times at the Dallas Fort Worth International Airport [C]//26th International Congress of the Aeronautical Sciences (ICAS). 2008: 14-19.

[170] GARCÍA J, BERLANGA A, MOLINA J M, et al. Optimization of airport ground operations integrating genetic and dynamic flow management algorithms [J]. AI Communications, 2005, 18 (2): 143-164.

[171] CHENG V H L, SWERIDUK G D. Trajectory design for aircraft taxi automation to benefit trajectory-based operations [C]//2009 7th Asian Control Conference. IEEE, 2009: 99-104.

[172] MARÍN A, CODINA E. Network design: taxi planning [J]. Annals of Operations Research, 2008, 157 (1): 135-151.

[173] 闫萍, 袁媛. 航班滑行路径规划和停机位分配联合优化 [J]. 控制工程, 2021, 28 (3): 464-470.

[174] JIANG Y, XU X, ZHANG H, et al. Taxiing route scheduling between taxiway and runway in

hub airport [J]. Mathematical Problems in Engineering, 2015.

[175] ANDERSON R, MILUTINOVIĆ D. An approach to optimization of airport taxiway scheduling and traversal under uncertainty [J]. Proceedings of the Institution of Mechanical Engineers, Part G: Journal of aerospace engineering, 2013, 227 (2): 273-284.

[176] 唐勇. A-SMGCS 航空器滑行路由规划及三维仿真研究 [D]. 南京: 南京航空航天大学, 2015.

[177] LIU C, GUO K. Aircraft taxiing scheduling optimization based on genetic algorithm [C]// 2010 2nd International Conference on Information Engineering and Computer Science. IEEE, 2010: 1-4.

[178] LESIRE C. Iterative planning of airport ground movements [C]//Proceedings of the 4th international conference on research in air transportation (ICRAT 2010), Budapest, Hungary. 2010: 147-154.

[179] 汤新民, 王玉婷, 韩松臣. 基于 DEDS 的 A-SMGCS 航空器动态滑行路径规划 [J]. 系统工程与电子技术, 2010, 32 (12): 2669-2675.

[180] CARR F R. Stochastic modeling and control of airport surface traffic [D]. Massachusetts Institute of Technology, 2001.

[181] NIKOLERIS T, GUPTA G, KISTLER M. Detailed estimation of fuel consumption and emissions during aircraft taxi operations at Dallas/Fort Worth International Airport [J]. Transportation Research Part D: Transport and Environment, 2011, 16 (4): 302-308.

[182] XU H, FU Q, YU Y, et al. Quantifying aircraft emissions of Shanghai Pudong International Airport with aircraft ground operational data [J]. Environmental Pollution, 2020, 261: 114115.

[183] YANG L, YIN S, HAN K, et al. Fundamental diagrams of airport surface traffic: Models and applications [J]. Transportation research part B: Methodological, 2017, 106: 29-51.

[184] NG K K H, LEE C K M, CHAN F T S, et al. Review on meta-heuristics approaches for airside operation research [J]. Applied Soft Computing, 2018, 66: 104-133.

[185] EVERTSE C, VISSER H G. Real-time airport surface movement planning: Minimizing aircraft emissions [J]. Transportation Research Part C: Emerging Technologies, 2017, 79: 224-241.

[186] KHADILKAR H, BALAKRISHNAN H. Estimation of aircraft taxi fuel burn using flight data recorder archives [J]. Transportation Research Part D: Transport and Environment, 2012, 17 (7): 532-537.

[187] DEONANDAN I, BALAKRISHNAN H. Evaluation of strategies for reducing taxi-out emissions at airports [C]//10th AIAA Aviation Technology, Integration, and Operations (ATIO) Conference. 2010: 9370.

[188] LUKIC M, GIANGRANDE P, HEBALA A, et al. Review, challenges, and future developments of electric taxiing systems [J]. IEEE Transactions on Transportation Electrification, 2019, 5 (4): 1441-1457.

[189] NG K K H, LEE C K M, CHAN F T S, et al. Robust aircraft sequencing and scheduling problem with arrival/departure delay using the min−max regret approach [J]. Transportation Research Part E: Logistics and Transportation Review, 2017, 106: 115−136.

[190] NG K K H, LEE C K M, CHAN F T S, et al. A two−stage robust optimisation for terminal traffic flow problem [J]. Applied Soft Computing, 2020, 89: 106048.

[191] NG K K H, LEE C K M. Aircraft scheduling considering discrete airborne delay and holding pattern in the near terminal area [C]//International Conference on Intelligent Computing. Springer, Cham, 2017: 567−576.

[192] HEBLY S J, VISSER H G. Air traffic control decision support for integrated community noise management [M]//Aeronautics and Astronautics. IntechOpen, 2011.

[193] RODRÍGUEZ−DÍAZ A, ADENSO−DÍAZ B, GONZÁLEZ−TORRE P L. Improving aircraft approach operations taking into account noise and fuel consumption [J]. Journal of Air Transport Management, 2019, 77: 46−56.

[194] TURGUT E T, ROSEN M A. Relationship between fuel consumption and altitude for commercial aircraft during descent: preliminary assessment with a genetic algorithm [J]. Aerospace Science and Technology, 2012, 17 (1): 65−73.

[195] YU Z, LISCINSKY D S, FORTNER E C, et al. Evaluation of PM emissions from two in−service gas turbine general aviation aircraft engines [J]. Atmospheric Environment, 2017, 160: 9−18.

[196] ZHU Q, PEI J, LIU X, et al. Analyzing commercial aircraft fuel consumption during descent: A case study using an improved K−means clustering algorithm [J]. Journal of cleaner production, 2019, 223: 869−882.

[197] SÁEZ R, PRATS X, POLISHCHUK T, et al. Traffic synchronization in terminal airspace to enable continuous descent operations in trombone sequencing and merging procedures: An implementation study for Frankfurt airport [J]. Transportation Research Part C: Emerging Technologies, 2020, 121: 102875.

[198] FAVENNEC B, VERGNE F, ZEGHAL K. Point merge integration of arrival flows enabling extensive RNAV application and continuous descent−operational services and environment definition brétigny−sur−orge, France [J]. Aufl. Brétigny: Eurocontrol Experimental Centre, 2010.

[199] JIN L, CAO Y, SUN D. Investigation of potential fuel savings due to continuous−descent approach [J]. Journal of aircraft, 2013, 50 (3): 807−816.

[200] TURGUT E T, USANMAZ O, CAVCAR M, et al. Effects of descent flight−path angle on fuel consumption of commercial aircraft [J]. Journal of Aircraft, 2019, 56 (1): 313−323.

[201] FRICKE H, SEISS C, HERRMANN R. Fuel and energy benchmark analysis of continuous descent operations [J]. Air Traffic Control Quarterly, 2015, 23 (1): 83−108.

[202] ANDREEVA−MOR A, SUZUKI S, ITOH E. Scheduling of arrival aircraft based on minimum fuel burn descents [J]. ASEAN engineering journal, 2011, 1 (1): 25−38.

[203] ENEA G, BRONSVOORT J, MCDONALD G. Trade−off between optimal profile descents,

runway throughput and net fuel benefit, preliminary discussion and results [C]//17th AIAAA-viation Technology, Integration, and Operations Conference. 2017: 4486.

[204] PARK S G, CLARKE J P. Optimal control based vertical trajectory determination for continuous descent arrival procedures [J]. Journal of Aircraft, 2015, 52 (5): 1469-1480.

[205] JIA Y, CAI K. The trade-off between trajectory predictability and potential fuel savings for continuous descent operations [C]//2018 IEEE/AIAA 37th Digital Avionics Systems Conference (DASC). IEEE, 2018: 1-6.

[206] SGORCEA R M, RWHIML L A W, MOUNT R E. Integrated time-based management and performance-based navigation design for trajectory-based operations [C]//Thirteenth USA/Europe Air Traffic Management Research and Development Seminar. 2019.

[207] SÁEZ R, PRATS X, POLISHCHUK T, et al. Automation for Separation with Continuous Descent Operations: Dynamic Aircraft Arrival Routes [J]. Journal of Air Transportation, 2020, 28 (4): 144-154.

[208] SOLAK S, CHEN H. Optimal metering point configurations for optimized profile descent based arrival operations at airports [J]. Transportation Science, 2018, 52 (1): 150-170.

[209] PAWEŁEK A, LICHOTA P, DALMAU R, et al. Fuel-efficient trajectories traffic synchronization [J]. Journal of aircraft, 2019, 56 (2): 481-492.

[210] SÁEZ R, DALMAU R, PRATS X. Optimal assignment of 4D close-loop instructions to enable CDOs in dense TMAs [C]//2018 IEEE/AIAA 37th Digital Avionics Systems Conference (DASC). IEEE, 2018: 1-10.

[211] SEENIVASAN D B, OLIVARES A, STAFFETTI E. Multi-aircraft optimal 4D online trajectory planning in the presence of a multi-cell storm in development [J]. Transportation Research Part C: Emerging Technologies, 2020, 110: 123-142.

[212] KENDALL A P, CLARKE J P. Stochastic optimization of Area navigation noise abatement arrival and approach procedures [J]. Journal of Guidance, Control, and Dynamics, 2020, 43 (4): 863-869.

[213] DALMAU R, PRATS X, BAXLEY B. Fast sensitivity-based optimal trajectory updates for descent operations subject to time constraints [C]//2018 IEEE/AIAA 37th Digital Avionics Systems Conference (DASC). IEEE, 2018: 1-10.

[214] BRYSON J A E, DESAI M N, HOFFMAN W C. Energy-state approximation in performance optimization of supersonic aircraft [J]. Journal of Aircraft, 1969, 6 (6): 481-488.

[215] ERZBERGER H, LEE H. Constrained optimum trajectories with specified range [J]. Journal of Guidance and Control, 1980, 3 (1): 78-85.

[216] BURROWS J W. Fuel-optimal aircraft trajectories with fixed arrival times [J]. Journal of Guidance, Control, and Dynamics, 1983, 6 (1): 14-19.

[217] FRANCO A, RIVAS D. Optimization of multiphase aircraft trajectories using hybrid optimal control [J]. Journal of Guidance, Control, and Dynamics, 2015, 38 (3): 452-467.

[218] BONAMI P, OLIVARES A, SOLER M, et al. Multiphase mixed-integer optimal control ap-

proach to aircraft trajectory optimization [J]. Journal of Guidance, Control, and Dynamics, 2013, 36 (5): 1267-1277.

[219] MIYAZAWA Y, WICKRAMASINGHE N K, HARADA A, et al. Dynamic programming application to airliner four dimensional optimal flight trajectory [C]//AIAA Guidance, Navigation, and Control (GNC) Conference. 2013: 4969.

[220] HAGELAUER P, MORA-CAMINO F. A soft dynamic programming approach for on-line aircraft 4D-trajectory optimization [J]. European Journal of Operational Research, 1998, 107 (1): 87-95.

[221] ARRIBAS D G, RIVO M S, ARNEDO M S. Optimization of path-constrained systems using pseudospectral methods applied to aircraft trajectory planning [J]. IFAC-PapersOnLine, 2015, 48 (9): 192-197.

[222] GONZÁLEZ-ARRIBAS D, SOLER M, SANJURJO-RIVO M. Robust aircraft trajectory planning under wind uncertainty using optimal control [J]. Journal of Guidance, Control, and Dynamics, 2018, 41 (3): 673-688.

[223] BENSON D A, HUNTINGTON G T, THORVALDSEN T P, et al. Direct trajectory optimization and costate estimation via an orthogonal collocation method [J]. Journal of Guidance, Control, and Dynamics, 2006, 29 (6): 1435-1440.

[224] JANSCH C, PAUS M. Aircraft trajectory optimizationwith direct collocation using movable gridpoints [C]//1990 American Control Conference. IEEE, 1990: 262-267.

[225] SADOVSKY A V. Application of the shortest-path problem to routing terminal airspace air traffic [J]. Journal of Aerospace Information Systems, 2014, 11 (3): 118-130.

[226] RIPPEL E, BAR-GILL A, SHIMKIN N. Fast graph-search algorithms for general-aviation flight trajectory generation [J]. Journal of Guidance, Control, and Dynamics, 2005, 28 (4): 801-811.

[227] FAYS J, BOTEZ R M. Algorithm for the aircraft trajectories considering No Fly Zones for a Flight Management System [J]. INCAS Bulletin, 2013, 5 (3): 77.

[228] PATRÓN R S F, KESSACI A, BOTEZ R M. Horizontal flight trajectories optimisation for commercial aircraft through a flight management system [J]. The Aeronautical Journal, 2014, 118 (1210): 1499-1518.

[229] BOUTTIER C, BABANDO O, GADAT S, et al. Adaptive simulated annealing with homogenization for aircraft trajectory optimization [M]//Operations Research Proceedings 2015. Springer, Cham, 2017: 569-574.

[230] MURRIETA-MENDOZA A, RUIZ H, BOTEZ R M, et al. Vertical reference flight trajectory optimization with the particle swarm optimisation [C]//The 36th IASTED International Conference on Modelling, Identification and Control (MIC 2017). Innsbrunck, Austria. 2017.

[231] CHAI R, SAVVARIS A, TSOURDOS A, et al. Overview of trajectory optimization techniques [M]//Design of Trajectory Optimization Approach for Space Maneuver Vehicle Skip Entry Problems. Springer, Singapore, 2020: 7-25.

［232］ HARTJES S, VISSER H G, HUBAR M E G V H. Trajectory optimization of extended formation flights for commercial aviation ［J］. Aerospace, 2019, 6 (9)：100.

［233］ ROSENOW J, FRICKE H. Individual condensation trails in aircraft trajectory optimization ［J］. Sustainability, 2019, 11 (21)：6082.

［234］ TIAN Y, WAN L, YE B, et al. Flight level allocation optimization to reduce greenhouse effect ［J］. Journal of Southwest Jiaotong University, 2018.

［235］ TIAN Y, HE X, XU Y, et al. 4D trajectory optimization of commercial flight for green civil aviation ［J］. IEEE Access, 2020, 8：62815-62829.

［236］ WICKRAMASINGHE N K, BROWN M, HIRABAYASHI H, et al. Feasibility study on constrained optimal trajectory application in the Japanese airspace ［C］//AIAA Modeling and Simulation Technologies Conference. 2017：1088.

［237］ SRIDHAR B, CHEN N Y, NG H K. Energy efficient contrail mitigation strategies for reducing the environmental impact of aviation ［C］//10th USA/Europe Air Traffic Management R&D Seminar, Chicago. 2013.

［238］ LOVEGREN J, HANSMAN R J. Estimation of potential aircraft fuel burn reduction in cruise via speed and altitude optimization strategies ［R］. 2011.

［239］ LIU F, LI Z, XIE H, et al. Predicting fuel consumption reduction potentials based on 4D trajectory optimization with heterogeneous constraints ［J］. Sustainability 2021, 13, 7043.

［240］ ANDREAS W, SCHAFER, IANA. WAITZ, Air transportation and the environment ［J］, Transport Policy, 2014.

［241］ ARNDT, N, EGELHOFER R, ROSSOW C. Responding to the ACARE challenges technologies and concepts, 1st CEAS European Air and Space Conference, Berlin, 10-13 September 2007.

［242］ 韩博, 刘雅婷, 谭宏志, 等. 一次航班飞行全过程大气污染物排放特征 ［J］. 环境科学学报, 2017, 37 (12)：4492-4502.

［243］ AZAR C, JOHANSSON D J A. Valuing the non. CO_2 climate impacts of aviation ［J］. Climatic Change, 2012, 111 (3.4)：559-579.

［244］ GU R, YUAN J, HAN X, et al. Flight performance optimization considering environmental impact under multi-RTA constraints ［J］. International Journal of Aeronautical and Space Sciences, 2019, 20：964-977.

［245］ User Manual For The Base of Aircraft Data (BADA), Revision 3.7 ［S］.

［246］ SINGH V. Fuel consumption minimization of transport aircraft using real-coded genetic algorithm ［J］. Proceedings of the Institution of Mechanical Engineers, Part G：Journal of Aerospace Engineering, 2018, 232 (10)：1925-1943.

［247］ YANG L, LI W, WANG S, et al. Multi-attributes decision-making for CDO trajectory planning in a novel terminal airspace ［J］. Sustainability, 2021, 13 (3)：1354.

［248］ JONES D F, MIRRAZAVI S K, TAMIZ M. Multi-objective meta-heuristics：an overview of the current state-of-the-art ［J］. European journal of operational research, 2002, 137 (1)：1-9.

[249] ZITZLER E, DEB K, THIELE L. Comparison of multiobjective evolutionary algorithms: Empirical results [J]. evolutionary computation, 2000, 8 (2): 173-195.

[250] PSIAKI M L. Backward-smoothing extended Kalman filter [J]. Journal of guidance, control, and dynamics, 2005, 28 (5): 885-894.

[251] RUIZ S, GUICHARD L, PILON N, et al. A new air traffic flow management user-driven prioritisation process for low volume operator in constraint: simulations and results [J]. Journal of Advanced Transportation, 2019, 2019.

[252] 谢华，黎子弘，杨磊，等. 容量受限下城市对航班四维航迹优化 [J]. 航空学报，2022 (8): 545-563.

[253] YU X, LU Y Q, YU X. Evaluating multiobjective evolutionary algorithms using MCDM methods [J]. Mathematical Problems in Engineering, 2018.

后　记

本书围绕民航可持续发展、绿色空中交通、航迹优化等问题展开研究，是作者对十几年来从事的相关工作的不断研究、深化认识和总结思考的集中展现。全书首先深刻剖析了全球航空业绿色转型发展的背景环境，阐明了空中交通航迹优化与技术革新是全球绿色航空发展的关键问题。本书结合国内外研究成果、研究局限性和面临的形势要求，立足中国民航绿色发展基础，阐述了绿色空中交通理论与方法研究的必要性、紧迫性和重要性。按照"绿色-经济"平衡发展理念，以"明确理念—构建指标—指标测算—实证评估—建模优化"的思路引线，研究提出了绿色空中交通的平衡发展理念、指标体系、评估模型与轨迹优化方法，构建了一套基于四维航迹的绿色空中交通评估与优化方法体系，对支撑空中交通管理通过航迹优化实现航空运行与生态环境动态平衡的最佳运行模式具有重要的理论和实践意义，对提升中国在全球脱碳规则标准制定、碳交易机制建立、低碳技术研发实施等方面的话语权具有重要理论方法支撑作用。本书主要内容总结如下。

（1）提出了绿色空中交通的平衡发展概念和指标体系。本书结合交通运输学和生态经济学理论基础，提出了广义和狭义绿色空中交通的基本概念、平衡理念和特征指标选取原则，建立了综合体现空中交通管理绿色与经济平衡发展，涵盖绿色发展（各类污染物排放量、全球总增温等）、运行效率（单位里程飞行时间等）、经济效益（油耗量等）的综合指标体系，为科学制定现代化空中交通管理体系发展环境绩效目标和实现路径提供理论基础，以期引领空中交通管理在满足航空业安全、高效、经济、环保等综合性能的基础上实现可持续发展。

（2）提出了基于航迹的空中交通绿色性能关键指标测度方法和评估模型。本书以航空器四维航迹数据为基础，创新性提出了基于局部遍历密度聚类的 ADS-B 航迹数据处理方法；建立了基于多参数和简化回声状态网络的航空器燃油流率数据驱动模型，有效提取了影响油耗的复杂高维敏感参数，解决了传统 BADA 模型燃油流率计算中输入参数复杂和计算精度不高等问题；建立了面向爬升、巡航和下降等全过程的航空器尾气排放量及其大气温度影响测算方法；权衡油耗、排放和飞行效率之间的非线性互作用关系，建立了基于 TOPSIS 的绿色空中交通综合评估模型，为具体分类测度和综合量化评价空中交通环境影响程度、特征等提供理论和方法，以期为航空碳市场交易中碳排放测算、碳配额基准评估、碳交易规则制定等提供模型方法支撑。

（3）开展了基于航迹的我国空中交通环境效能实证评估研究。本书从全国、主要航线、繁忙机场（群）不同层面实证评估分析了我国空中交通运行的环境影响水平、综合绿色效能、影响因素和关系特征，并对比美国水平揭示了我国空中交通巨大的绿色优化潜能空间；对比分析不同飞行阶段、机型、航线、机场（群）绿色空中交通性能指标的差异性、稳定性及对飞行里程/时间的关联性、敏感性，揭示了绿色、效率、效益之间复杂、非一致性的关系，分别阐述了我国绿色性能水平亟待提升的重点领域和优化策略；关联飞行流量影响因素，研究揭示了优化路径和"速度-高度"剖面是提升绿色空中交通性能的重点方向，且在大流量情况下离场爬升阶更具绿色性能提升可行性。实证评估方法研究是科学分析我国空中交通活动环境污染水平和空间分布情况的理论方法基础，是对重点区域、阶段、城市对等开展科学管理优化的实证依据，以期可以支持行业更精准、有效地减少航空器因排放导致的生态、环境、人类健康的影响。

（4）提出了基于航迹的复杂多元受限环境下绿色四维航迹优化方法。本书考虑航空器动力学性能、可用航路、扇区容量、流量管理策略等限制约束，权衡绿色环保、运行效率、经济效益等优化目标，按照从局部到全局，分别研究提出了航空器爬升阶段和"跑道—跑道"全阶段的空中交通运行优化方法。①考虑多航路点 RTA 约束，建立了考虑油耗、尾气排放对气温的影响，以及飞行便捷性的多目标爬升轨迹优化模型与智能算法，通过敏感性分析研究揭示了航路点 RTA 约束窗口及目标权重对航空器爬升绿色性能的影响机理，对提升局部绿色空中交通性能提供方法支撑。②在设定扇区容量和飞行路径不同约束组合下，权衡油耗与飞行时间优化目标，基于航空器飞行全过程，分别建立了理想环境与容量限制、固定路径与可选路径场景下的航迹优化模型，以及飞行路径和飞行剖面协同优化方案，递进探究揭示了异质约束下城市对飞行燃油效率优化上界及其弹性改善空间，阐明了空域拥堵时空范围和严重性对航迹优化性能的影响规律。绿色空中交通航迹优化方法研究为预测、评估和改善 TBO 环境下航空器绿色与经济综合效能提供了基础框架和优化方法，为科学合理制定空中交通管理领域绿色发展绩效目标、准确有效实施空中交通优化策略、推进 TBO 相关技术的研究与实施、实现航空业绿色与经济平衡发展提供理论与方法支撑。

本书在写作的过程中，得到了胡明华、张洪海、谢华、王超、杨磊等的帮助，在此由衷表示感谢。因研究能力和时间有限，本研究仍存在一定的局限性，如未来可系统性遴选和分析建立更加科学、全面、系统的中国民航空中交通管理领域绿色发展指标体系；探索建立全国城市对航线网络绿色航迹优化模型方法；增加机场容量限制、偶发的扇区容量减小、尾流间隔管理、盛行气候或突发强对流天气等更多要素的油耗预测模型；从技术革新角度展望，以灵活使用空域（flexible use of airspace，FUA）为基础，研究探索 TBO 环境下进一步释放空中交通节能减排潜力的理论与方法等。最后，本书仅代表个人研究中的学术观点，如有错误，希望读者批评指正并提出宝贵意见。

编者
2024 年 2 月